国家社科基金一般项目"新型城镇化背景下长三角地区农业科技文化传播体系创新研究"（13BXW051）研究成果

走进长三角

农业科技信息的传播模式与创新

方晓红 操瑞青 曹刚 牛耀红 著

商務印書館
创于1897 The Commercial Press

图书在版编目（CIP）数据

走进长三角：农业科技信息的传播模式与创新/方晓红
等著. 一北京：商务印书馆，2022
ISBN 978-7-100-21528-2

Ⅰ. ①走… Ⅱ. ①方… Ⅲ. ①长江三角洲—农业科
技推广—研究 Ⅳ. ①S3-33

中国版本图书馆 CIP 数据核字（2022）第 142178 号

走进长三角
——农业科技信息的传播模式与创新
方晓红 操瑞青 曹刚 牛耀红 著

商 务 印 书 馆 出 版
（北京王府井大街 36 号邮政编码 100710）
商 务 印 书 馆 发 行
北京虎彩文化传播有限公司印刷
ISBN 978 - 7 - 100 - 21528 - 2

2022 年 10 月第 1 版 开本 710×1000 1/16
2022 年 10 月北京第 1 次印刷 印张 14³/₄
定价 88.00 元

目　　录

前　言

一、城镇化背景推进长三角地区农业科技建设

自 20 世纪 90 年代末本书作者和所在科研团队（以下以我们称）申请并完成了第一个关于农村与媒介关系研究的课题以来，已经过去了近二十年。这期间的农村，尤其是长江三角洲地区（以下简称长三角地区或长三角）的农村，发生了天翻地覆的变化。

长江三角洲位于中国东部沿海与沿江发达地带交汇部，区位优势突出，经济实力雄厚。2010 年国务院正式批准实施《长江三角洲地区区域规划》，明确提出以上海为中心城市，南京和杭州为副中心城市，把长江三角洲建设成为区域功能完善的、城市分工及产业布局合理的、区内要素流动自由的、生态环境优良的、人民生活舒适的可持续发展地区，成为产业结构高度化、区域经济外向化、运行机制市场化、国内率先实现现代化的示范区，成为中国及亚太地区最具活力的经济增长极，中国有实力参与世界经济竞争的中心区域。规划提出，到 2015 年，长三角地区要率先实现全面建设小康社会的目标，其中的一项指标就是城镇化水平要达到 67%；到 2020 年，力争率先基本实现现代化，其中城镇化水平要达到 72%。今天的长三角地区，城镇化率已经超过 70%。

随着现代化进程、城镇化建设的推进，传统意义上的乡村在长三角地区已经基本上不存在了。但这并不意味着农业的终结，也不意味着乡村的消失，恰如法国社会学家亨利·孟德拉斯（Henri Mendras）所说，这只是传统意义

上的"小农的终结"。

2008 年国务院发布《全国土地利用总体规划纲要（2006—2020 年）》，对未来 15 年土地利用的目标和任务提出六项约束性指标和九大预期性指标。纲要的核心是确保 18 亿亩耕地红线。2009 年 6 月 23 日，国务院新闻办公室举行新闻发布会，国土资源部提出"保经济增长、保耕地红线"行动，坚持实行最严格的耕地保护制度，坚持耕地保护的红线不能碰。

无论社会如何发展，农产品是保障社会发展的必需品。随着社会的进步，农产品不仅不会少而且应该更加丰富，这也就意味着农业生产者依然存在，他们依然是社会生产中一个必不可少的群体，虽然他们的生活方式、生产方式、经营方式等方面发生了前所未有的变化。

长三角地区自古以来就以鱼米之乡著称，有着得天独厚的农业生产条件。守住耕地红线对于长三角地区经济的飞跃发展具有十分重要的意义。长三角地区的农业、农村、农民将会持续存在，变化的只是乡村的发展形态、承载的功能功用，如发生农业的生产方式、信息沟通与交流的渠道、产品的经营模式的变化，以及乡村农人的素质、生活的格局、对农业生产的处理方法及掌控力度等的变化。而这些变革，恰好印证了农业的现代化程度，因为上述的每项变革，都与农业科技化程度有着密切关联。

本书作者以传统长三角地区为重点对象，展开了长期的实地调研工作。其中，对江苏、浙江、上海等地多次重点走访，获取了丰富的一手资料。在此基础上，作者先单独考察各个区域的农业科技信息传播现状及特征，再在综合比较的框架下予以整体分析。

研究证明，在长三角地区城镇化建设推动下，大批乡村居民进入城镇，土地流转成为继家庭联产承包制之后的第三次土地改革。通过土地流转，农村土地迅速地集中，规模生产势在必行；集约化、专业化、组织化、社会化相结合的新型农业经营体系，亦必然形成。于是，对农业科技信息的需求以及农业科技信息的常态传播也就成为了规模生产的题中之义。

二、本研究实施进程中的思考

正是在上述背景下，我们第三次获得关于农村与媒介关系研究的国家项目。本次项目旨在研究，在城镇化背景下，在农民的生产方式和生活方式已经发生巨大变革、农村生产方式已经从粗放转变为集约的长三角地区，农业信息传播如何从经验型传授转变为科技信息传播，并形成具有其自身特质的传播形态。以要言之，本项研究以"农业科技信息传播"作为研究重点。

研究进程中，我们遇到了一个需要重新审视的问题。申报初期，我们曾拟以"科技文化"这一概念代替"科技信息"。因为在我们此前多次的农村调研中常常发现，文化往往与一个地区的生产习俗、生活方式乃至信息的传播方式有密切关联。此番调研我们仍然可以感受到这种文化习俗在当今科技生产进程中的潜在影响。比如，浙人靠海而居，相对而言，海洋文化中契约精神的烙印更为明显，因此，他们更多习惯于自主形成团队结构（这种组合方式在本次的调研中极为常见）。相对浙人而言，吴人祖辈更安土重迁，对于乡村一级组织更加依赖与信任，众多希望走向富裕或已经走向富裕的农人常常具有极为强烈的乡村情怀（这一点，可以从对盛泽乡、丹阳县等地的调研中看到）。当年的苏南模式，苏南人"离土不离乡"的创业方式似乎也与此特点呼应。沪人所在地区是长三角的科技龙头，其农业科技信息的传播呈现出典型的城市推动农村、城市直接与农村对接的特点，城市的科技信息对农村形成有计划的、领导性的辐射式传播。凡此种种文化特质的影响，我们均能从调研中频频见到，并从中获得启迪。

在研究进程中我们又发现，长三角各区域社会文化的差异虽然闪现出上述的特质，但随着社会经济的交流与交融更加快速和便捷，经济增长与发展程度日益趋同的长三角地区，各区域的社会经济情境有着更为显著的共同性，文化差异对农业科技信息传播的影响力虽常常能窥一斑，但始终难见全貌。如果试图从文化的角度对其作仔细调查与研究，可能需要有更多元的角度与维度。因此，我们决定回归科技信息概念，即以农业科技传播体系为研究重点。尽管如此，在苏、浙、沪三地农业科技传播体系的调研中，我们用最初所试图关注的眼光和角度，还是看到并呈现出了一些人文的、地域的文化因子。

三、调研路径及成果创新

我们以传统长三角地区为重点区域，展开了长期的实地考察工作。第一步是走进农村；其次是进行有针对性的、多次的调研。如对江苏省、浙江省，主要是由下而上地进行调研，而上海市则主要是自上而下地展开调研。江苏省调研地点主要为南京浦口、常州溧阳、镇江丹阳等地；浙江省选择杭州余杭地区；上海市则主要包括上海市农委、崇明县等地。在调研过程中，根据不同地域、不同情况展开不同方式的调研。

以上海市的调研为例：调研人员首先以一种自选的方式，随机对上海市的农村如崇明岛等地进行观察式调研。然后选择以上海市农委作为切入口，力图把握上海市农业科技传播的整体现状，全面了解政府机构在农业科技传播中所作的努力与创新，以及在传播过程中面临的难题。在对上海市农委相关领导、农业科技传播负责人等进行多次的深度访谈后，我们对上海农业科技传播的整体现状有了比较宏观的把握。此后，则在市农委的引导下，与一些典型的农业示范园区、种植养殖基地取得了联系。通过这一调研路径，考量农业科技传播的总体面貌。课题组还针对性地对春润水产养殖基地、瀛西果蔬专业合作社等单位进行了专门的示范点考察。

江苏省是我们长期关注的地方。自20世纪末以来，我们一直在一些区域从事媒介与农村关系方面的研究，这些区域已成为本次调研中相对稳定的工作基地，其调研方式多为约谈、访谈。除此之外，为了解更多的相关政策与农业生产信息，又对江苏省其他相关地区也进行了调研。

在浙江省的调研中，我们发现了许多新农人开设的微信公众号。通过微信公众号我们联系了 30 多名新农人，并通过 2015 年中国新农人年度人物评选公告获取了众多新农人的联系方式。在此基础上，通过网络和电话对这些新农人进行了深度访谈。

进入到实地调查阶段，第一站我们选择了杭州余杭区，调查的对象有 5 名新农人及其合作者，包括当地的农技专家、技术能手、雇佣工人，也有当地村民以及村干部等。同时考察了 5 名新农人的农场。随后又对其他地区 10 名有影响力的新农人进行了实地调研。

经过苏、浙、沪三地的调研活动，我们基本收集了研究所需的核心数据与材料，并在分析与研究的基础上，分别对三地的农业科技传播体系进行了切合实际的归纳与提炼。

另外，我们还对其他相关地区进行了考察。2015 年，我们同团队调研成员深入到安徽省合肥市、巢湖市和马鞍山市一些农村地区，进行了实地考察。

在过去的一两年，我们还对较偏远的中西部地区进行了走访，试图在全国农业科技传播的整体语境中进行对比观察。具体而言，我们考察了河南省新乡市、河北省兴隆县的农业科技传播状况，调研了甘肃省陇南市康县的农村传播实践。整体来说，实现了以传统长三角地区为重心，以全国其他地区为辅助，收集丰富、全面的数据资料的调研目标。

本书包括以下几个核心部分。第一部分是"关于我国农业科技传播体系的思考"。从历史与当下、国外与国内综合观照的视野，思考中国农业科技传播的过去与未来，并提出研究问题。第二部分是"长三角地区不同区域农业科技传播创新模式的总结"，对江苏、浙江和上海三地的农业科技传播现状进行了分别论述，总结了三地的个性化特征及其传播模式。第三部分为"我国长三角地区农业科技传播模式的意义及价值"。这一部分在苏、浙、沪的区域研究基础上，试图对长三角地区农业科技传播的整体现状进行宏观把握，并由此提炼出具有一定普遍意义的传播模式，分析其特征。最后一部分以"补充思考"的形式呈现，主要是记录整个研究进程中的局部成果及相关心得。

总体说来，本研究的创新之处在于：对苏、浙、沪等地的农业科技信息传播模式进行了探索，理清了其基本面貌与发展趋势。对长三角地区的农业科技传播体系从理论上进行了总结提炼，试图为全国农业科技传播体系提供一些样本性的示范。

作为对本研究创新的补充，借用调研期间专家咨询会议上一位专家的发言："新型城镇化背景下，农业发展的总特点是市场为导向的产业化、精细的专业化、产业的规模化。因此农业发展比以往更加需要科技推动。当下农业科技传播亟需解决的是农业科技传播的'最后一公里'问题。"我们针对长三角的调研，总结出苏、浙、沪三地解决"最后一公里"问题的三种模式：江苏模式，以农业龙头企业为主导，连接科研单位和普通农民；浙江模式，以个体农业大户、专业户为主导，传播农业科技给普通农民；上海模式，以政府为主导的专家'一插到底'的方式，直接推动农民采纳科技。

长三角地区农业科技传播的总体经验对于西北等落后地区的借鉴意义在于：各地应根据实际情况，因地制宜，创造性地解决农业科技传播"最后一公里"的问题。

第一章 中华人民共和国农业科技传播体系的运行机制与反思

第一节 行政为主导的农业科技传播体系运行机制

1954 年 9 月，周恩来在第一届全国人民代表大会第一次会议上作了《政府工作报告》，首次提出建设"现代化的农业"的目标。我国的农业科学技术传播体系，正是在建设农业现代化的理念指导下建立起来。

20 世纪 50 年代末起，通过施行农业部颁布的《农业技术推广方案》，初步形成了中央、省、市、县、乡、村六级（从其贯彻的效度上看，也可以分为中央、省、县、乡四级），以技术推广、植物保护和良种繁育为主要功能的农业技术推广体系。它基本上是一种公益事业，政府给予行政力量的助推，同时给予经费的支撑。各级农业技术推广系统均在不同的历史阶段，完成了农业技术引进、试验示范和推广运用等工作，同时在农业生产中起到提供技术咨询、技术指导、技术培训以提高农民素质的作用。直至改革开放前，我国农业科学技术传播体系均为计划经济体制的附属产物。

政府为主导的农业科技传播体系，带有非常强的行政管理色彩。从农业技术的选定，到资金的提供、分配，再到传播过程中所需要的基础设施建设以及大规模的普及应用，整个过程的运作及各个环节的推动都由政府部门层层分工执行。政府可以凭借行政力量，统筹全局、系统调配资源、普及农业先进技术，以保证政府有关农业技术推广的大政方针得以高效地推广、普及、应用。

政府农业技术的传播主体为农技站,全称是农业技术推广站。农技站的最高机构是全国农业技术推广总站,为农业部下属机构。各级政府机构都有相应的农技站。最底层是隶属于乡(镇)政府、街道办事处、区公所一级的农技站,其主要职能是直接面向农村(生产队),负责相应级别政府辖区的新技术、新产品推广,指导农业生产。

农技站的推广模式是一种线性的传播模式。所谓线性传播模式,即指这种传播是根据行政设置的辖治路径层层传递,决策依据是上级政策。其特征是自上而下,全国各地"一刀切",试验哪些农业新品种不是由农户来选择,推广哪些农业新技术也不是由当地农业技术推广部门选择,而是受制于更高行政机关的统一政策。基层农业技术推广部门在推广过程中,通过行政命令手段推广农业新技术、新品种。因此,这个时期的农业技术推广具有很强的计划经济色彩和行政管理特色。

当时,中央政府对于农业生产尤其是粮食生产高度重视,强调科学种田。曾经针对选种、种植、水肥管理、除虫害等提出过"八字方针",即"土、肥、水、种、密、保、管、工"。其具体含义为:

土——深耕、改良土壤、土壤普查和土地规划;

肥——合理施肥;

水——兴修水利和合理用水;

种——培育和推广良种;

密——合理密植;

保——植物保护、防治病虫害;

管——田间管理;

工——工具改革。

这八个字,抓住了农作物生产的主要影响因素和综合管理的关键技术环节,是现代农业综合技术和传统农业实践经验的结合,也准确指明了我国农业生产力的着力点。这八个字曾被称为"农业八字宪法"。宪法是指导全国基本工作的国家大法，中央领导将"八字方针"提高到宪法的高度，可见其对农业科学技术的高度重视。在建国初期，曾对我国农业生产的发展起到积极作用。

整体上看，"八字方针"对农作物稳产高产是有效的。当时的农业技术以政府行政管理模式层层推广，自上而下，从中央到省、到市、到县、到乡镇、再到村，中央决策，逐级执行。幅员辽阔的中国，无论气温高低、光照强弱、湿度大小，还是土地肥贫，各地都有极大的差异。这种行政为主导的管理，缺少因地制宜的相应措施，在推广过程中，会产生一些不科学、不合时宜的行为。比如"八字方针"中的"密"，其意是"合理密植"；所谓合理，本来应当根据各地的实际情况提出一个具体的参数。但由于行政意志的过强参与，在实际操作中常常不能真正地通过试验提出一个适合当地条件的密植参数。不管好田与薄田、日照强或日照差、温度和湿度的差异与否，均按照上级规定的密植程度采用同样的尺度，结果是同样品种和管理模式，亩产却大不相同。

由于农民固守传统的种植经验，因此许多乡村（当时为生产队）常常采用一些阳奉阴违的做法，来应付乡技术推广站的规定。比如，插在田边的秧苗会完全按照上级规定的密植尺度来栽种，以备检查。而田地中间则会按照他们自己习惯的尺寸来栽种。当年，笔者下乡务农。插秧时，农民知道公社（现为乡）农业技术站的人要来检查"合理密植"的插秧行距与间距，凡田边均用线拉直以测量所插秧苗的行、间距，确保检查过关。笔者不明所以，在田中央参照着田边的大致距离插秧，结果被责骂：不想有饭吃啦？以当地农民的经验来看，上级要求的密植程度是只能长秧苗不会结稻穗的。来检查的农技人员，也只会对田边作些抽样检查，并不会真的到大田中央。或许他们只是在执行行政命令，心里面对有些规定也不一定认可。

在计划经济年代，政府主导的农业技术推广体制与当时的农村实际情况是大体相符的，总体来说在当时的确起到了提高农业产量、改良新品种、推广农业新技术的作用，有效地改变了农民以经验种田、靠天吃饭的传统。

在我国以政府行政管理为主导的农业技术推广体制中，农业科研部门一直居于技术核心部门的位置，一直在从事着农业科研技术的研究开发、后备力量培养、技术培训等工作。中国的农研体系由中国农业科学院及地市级以上的农业科研院、农业科研所、农业大学和其他中等农业技术学校等上千所机构组成。

中国农业科学院创立于 1957 年 3 月 1 日，是中华人民共和国建国以来国务院批准成立的三大科学院之一，也是全国规模最大、学科最全、综合研究实力最强的国家级农业科研机构。其主要功能，是在我国农业建设过程中对于具有全局性、方向性、基础性意义的农业科技展开科学研究活动。农业大学则以教学为主体、以农科试验为研究对象，更多地在实验室和实验田中完成农业科技高层次人才的培养与科学研发。

要言之，以中国农业科学院、农业大学等为代表的农科研究、教学机构，以研究基础性、前沿性、综合性研发技术和培养高等人才科技为主，面对基层传播农业技术的功能则相对承担较少。从行政环节上看，基层农业技术的推广和传播主要受制于政府部门的管理。

随着经济体制的转型，市场机制在农业科技传播过程中出现了。市场机制的出现，对农业科技的传播内容、方式等提出了多样化需求。于是，我国传统的农业科技传播体系受到了巨大冲击。

第二节　改革开放后农业科技传播体系的缺憾和困境

一、行政力量主导的传播体系失去原有效能及效益

1949 年以来，行政力量在我国农业技术推广过程中有着极其重要的作用。

从中国国情来看，行政力量的作用在最初是有积极意义的。依靠国家行政力量，可以集聚我国有限的农业科技力量，构建一套完整的科技传播体系，规模化地推广先进的农业技术。

计划经济时期"以粮为纲"，农村所种植的农产品没有太多的品种变化。农民个人对土地也没有自主权。农技推广部门的工作重点大多是培育良种、提高产量、减少病虫害、合理灌溉等内容。这些技术适用面较广，推广起来也比较容易。

尤其需要指出的是，计划经济时期农业技术传播工作的政治性很强，其主要任务是通过城乡分割治理达到以农补工、优先发展工业的国家战略目标。我国农业技术推广体系是与行政体系相配套的四级网络。设计这个体系时，行政的考虑比技术的考虑更为重要。农民没有农业技术的选择权，技术供给者与农民之间是命令与接受的关系，这种关系从根本上屏蔽了农民的主观能动性，只有消极对待、被动接受的"权力"。在指令性经济中，技术只是行政机构实现政策目标的工具。

改革开放之初，家庭联产承包责任制极大地调动了广大农民生产积极性，粮食等农产品产量连续多年增产增收，随着农产品数量的增多，新的问题出现了。一方面，由于农产品相对过剩，价格出现较大波动，农用物资成本上升，农民陷入增产不增收的尴尬境地；另一方面，城市居民对农产品的质量和品种提出更高要求，新兴农产品供不应求。原有体制下建立的农业科研和推广机构囿于惯性思维，缺乏对农产品市场的调查了解，仍然以上级单位的指令为行动依据，难以满足农民和农业日益多样化的技术需求。

面对这样的状况，农业技术推广机构也在艰难地顺应潮流进行着改革。但是由于农技站的体制脱胎于计划经济时期的农业生产体制，受制于行政体制的管理系统，很难适应家庭联产承包责任制所提出的技术要求。此外，农技站存在着传播手段落后、技术力量薄弱、技术推广人手少、配套资金不足等问题。所以，不仅没能为农民快捷便利地提供所需要的科技信息，反而在改制过程中更加削弱了自身力量：传统的农业技术推广体系立刻陷入"网破——线断——人散"的被动局面，其中乡镇一级农技推广机构的问题尤其突出。首先是管理体制的计划经济特点难以与市场经济相适应，致使组织结构涣散；其次是人员冗杂，效率、技能低下，无法履行职能，难以在大范围内及时了解和现场解决农民的技术难题。

早期有关农业科技传播的农村调查研究显示，基层农业技术推广机构每年到田间地头与农民面对面交流、听取意见的机会极为有限。他们的任务往往是尽力完成上级委派的项目，农民的参与积极性不高。单位里的黑板报一季度才更新一次，内容多为季节性常识。不少地区有线喇叭年久失修，难以发挥效用。这些服务手段的使用和维修十分不规范，占用了大量资源，传播效果却不甚理想（孔祥智，2009）。

此外，政府承担的公益性职能与经营性有偿服务尚未分离，农技站经费来源和使用不规范，乡镇技术人员普遍待遇偏低，积极性没法调动，无法提供农业建设所需要的技术支持。而且大多乡镇农技人员的技术陈旧，传统的农业技术遭到冷落。这些状况，直接影响了以行政力量为主导的农技推广体系的生存与发展。

二、行政化的农业科技推广压制了农民主体意识

农业技术从中央到乡村的层级传播模式，其渠道是自上而下的，农业科技资源及信息，都依赖于上级的分配和下拨。农民的科技需求、信息需求、农民亟待传递的信息，却很难有正常的机制或通道"上达"农业技术部门。上一级的行政力量能够对下一级的行为产生决定性作用，却没有逆向的反馈渠道。

随着中央对农业建设的日益重视，地方政府也普遍相应地重视起来。但在这一过程中，出现了一些无视科学、无视农业生产自身规律、一味追求政

绩的现象，盲目追求国外引进、追求规模效应，大规模地推广某种经济作物，"一刀切"地采用各种政策和行政手段，短时间内集中推广特定农业项目，甚至不惜毁坏现有农作物，导致农业生产一哄而上。特别是有些乡镇政府，为建成省内、全国乃至亚洲规模最大的种植或养殖基地，甚至动用了一些极端的行政手段。这些所谓农业技术的推广，未经过科学论证，低估甚至忽视了技术推广中必然会出现的市场风险和自然风险。而一旦风险出现，缺少科学的应对方法，农民利益往往受到巨大损害。这种科技推广，无论其动因如何，最终容易令农民对那些自己并不了解、也非自己主观意愿，但却需由自己来承担后果的农业科技推广行为产生抵触。我们在 2000 年以及 2006 年前后的农村调研中，就听说过有些地方曾经出现乡镇政府让种什么、农民就不种什么的尴尬局面。

在调研中还发现，许多地方政府都存在着盲目建设农业高新园区，重形象、轻实效的现象。农业高新区无论在规划建设，还是运营维护方面，都由当地政府承担，少数地方政府扶持本地农业龙头企业心切，在资金、税收、土地等方面给这些企业大开绿灯，导致这些企业的经营完全依赖政策资金，国家投入的大量经费未能真正落实到农民身上。

有很多地区的农民由于天然的地域限制，又因为获取信息的渠道不通，难以了解更新更多的农业新技术，只能被动地接受政府给予的信息，或通过农户之间小范围的交流，参照其他农户的技术选择。

在这样的农业技术传播体系中，农民处于被动的地位，很难摆脱因循守旧的传统心理束缚，很难有能力、有条件自主地对科技信息进行抉择，很难自主地参与科技信息的推广，同时也很难与传播者进行信息沟通与反馈。

而在市场经济中，技术往往是实现目标的必不可少的手段。技术的选择、运用应该基于一个良性运转的系统，而非仅仅依靠少数个人或行政精英的选择和决策。

我国过去采取的工业、城市优先发展战略，刚性的城乡分割制度以及僵化的农业生产机制都严重地抑制了农民的自主性，农民普遍缺乏自主的市场意识和信息意识；政府、技术专家所具有的政治和技术权威，垄断着技术的选择、评价、推广活动；与农民密切相关的农业技术传播，长期以来也是依靠一元化的行政手段推进。

随着农业市场化进程的速度加快，我国农业科技传播服务体系也在逐渐发生着变化。但总体来看，还是没有摆脱自上而下的行政命令式的传播模式。农业科技实践中资源、信息的分配，还是通过上级的业务指令和行政命令来完成。

这是一种对上级负责、受命于上级的动力机制。从传播学的角度来看，这是一种"传者本位"观念。在这种观念的影响下，农业科技传播注重的是上级指定信息传达的情况，农民只是信息的接受者。

这一系统中，变化、调整的动力主要来自行政体系内部，而非由来自生产主体的动力进行调整。要言之，在这一切活动中，作为生产主体的农民被排除在技术选择、技术推广的过程之外。

科技发挥第一生产力的作用不是无条件的，需要与制度创新、观念创新整体协同才能产生巨大威力。就农业科技传播领域而言，农民事实上已经成为经济与社会变迁的主体。现代农业科技信息要得到有效传播，并转化为农业生产力，成功的关键在于劳动者技能素质的提高，即农民主体意识的形成。

为此，提升和培养农民的市场意识、主体意识，消除地方政府和农业科技供给方的独断，建立对话和交流的机制，让农民成为科技传播的参与者已刻不容缓。

三、难以预见、难以承担的农业科技传播风险

我国传统的以行政力量为主导的农业技术传播体系，实际上是一种线性

的传播模式。20 世纪 50 年代，美国学者埃弗雷特·M. 罗杰斯（Everett M. Rogers）提出"创新的扩散"理论，开创了发展传播学研究领域，对传播学的发展作出了重要贡献。这个理论一度广泛地运用于发展中国家的实践中，在参与发展中国家的变革研究中，成为研究传播与发展关系的主导范式。到了 20 世纪 70 年代这一范式开始被质疑，并受到各种批评。丹尼斯·麦奎尔（Denis McQuail）和斯文·温德尔（Sven Windahl）在《大众传播模式论》中给予了中肯的评价："尽管存在着上述批评，我们只想强调的是，这个模式是十分有用的，它并非创新—扩散过程的完整或唯一范式"（丹尼斯·麦奎尔、斯文·温德尔，1987）。

这一范式的主要特征，在于它是一种受线性思维方式主导的传播方式。西方国家的经典发展模式是线性工业化模式，其发展理论当然会受到这种线性模式的影响。随着时间的推移，这种模式必然会出现各种弊端，就连这种理论的开创者罗杰斯，在 10 多年后也不得不承认，这个模式的弱点就在于它对线性效果的过分强调，以及它对地位和专长的等级制的过度依赖。罗杰斯在 1976 年发表了《传播与发展：一种主导范式的消失》，宣告了这种主导范式的终结。

在我国农业科技传播中，线性传播模式表现得最为明显的是，一种以行政组织为主导的、以技术推广者为监管的单向推行的传播方式。在计划经济体制下，我国政府以行政手段配置农业技术和信息，构成了一个行政性很强、规模庞大、结构清晰、层级分明的传播体系。这种传播体系的传播程序、传播内容、传播方式、传播过程都是自上而下、从组织到组织的。这种传播方式可能与罗杰斯曾经提出的创新推广四阶段不完全一样，但是，其线性的思维方式和传播方式，显然更为明显。这种方式，在当时技术条件不完备、农民文化程度不高，以及人民公社的体制、计划经济的条件下，不会产生巨大的冲突与风险。

但随着家庭联产承包责任制的推进，随着我国一系列新的农业方针、政策的推行，我国农业结构已经远远超出了中华人民共和国建国以来所形成的那种单一的组织结构、生产结构以及生产品种的结构。这种以行政组织为主导、单向推行的线性农业技术传播模式就出现了与新形势不相适应的弊端。比如，缺少科学论证，以行政力量去大面积推行、推广单一新品种，导致生物多样性的平衡被打破，产生罕见的病虫害蔓延的生态风险；又比如，缺少对农业科技传播中的市场风险预估，从而出现农产品销售、加工、存贮等方面的市场和经营风险，等等。南京溧水白马镇，被誉为"中国黑莓之乡"，是国内最大的黑莓种植基地，主要供应欧美市场。后来受到欧美金融危机冲击，黑莓市场需求急剧下降，农民措手不及，经济损失很大。我们在当地调研时，目睹了农民手中滞销的黑莓大面积地腐烂在田间。当初白马镇确立这一科技新品种种植项目时，国际市场需求旺盛，乡镇政府一再扩大耕种面积；同时出于地方保护主义的考虑，地方政府采用行政手段阻止外地商贩到本地收购紧俏的黑莓，以保证本地加工销售企业的垄断经营。当市场需求突然发生逆转时，黑莓不耐保存，本地现有的贮存条件、加工能力不足，外地具有巨量储藏力的企业缺少有效的市场对接，结果导致农民利益受到极大损害。究其根本，地方政府在引进农业科技新品种、培育新品种、扩大新品种的种植面积时，主要依靠的是行政手段，市场风险预估、技术论证缺位，生产主体者缺位。一旦出现风险，政府和农民一样束手无策。这样一来，也导致农民很难再认同政府的行为。

从另一方面来看，在今天的农业生产环境中，农民已经成为整个生产环节中的主体，是他们在承担市场和经营风险。在农业科技传播中，无论是选择品种、改良品种、引进新的养殖品种、引进设备和更新，还是新技术的投入与回报、风险成本的评估以及承担风险等方面，都应该由农民通过学习来自主判断、自主决策。基层政府如果不能（也不应该）替农民承担风险，那么就不应该成为农民的直接决策者，其职能应当更多地体现在牵线搭桥、组织新技术学习、提供信息等服务项目方面。

　　在此，如何消除地方政府和农业供给方的独断，建立对话和交流的机制，让农民成为技术传播的参与者已刻不容缓。

　　当然，农民也必须在直面风险、科学决策农业生产的过程中成长，否则，实现中国农业现代化就永远只是一句空话。

第三节　关于新的农业科技传播体系特征的思考

一、改变政府在传统体系中的职能

　　中共中央党校教授黄小勇在《加快政府职能转变 深化行政体制改革》一文中指出："作为国家政府的宏观部门应当首先加强宏观调控职能，不再是干预型的宏观调控，而是更多强调弹性、灵活性、应急性的政策手段，强调中长期规划，间接影响经济形势。所以从这个角度来讲，我们的宏观调控越来越与市场规律相接近，让市场发挥在资源配置的决定性作用。"

　　传统的农业科技传播体系中，各级政府的职能主要体现在"管理"上。因为是管理，所以层层审批制度也相应地出现。这种以管理代服务的方式，行政意志体现得过强，同时贻误时机，容易打击农民的自主意识与积极性，制约了农业建设的发展。

　　尤其是基层的政府部门，更重要的角色是为农业建设提供实现国家战略决策、发展规划的服务保障条件。公共服务是 21 世纪政府职能转变改革的核心理念，这一点在农业科技传播体系的建构上也应当充分体现。

　　基于此，构建新的农业科技传播体系，首先取决于中央政府的宏观决策。即中央政府应当建立一套合理的制度框架以保障促进农业技术传播有效运行。事实上，从 1978 年开始，中央政府多次颁发的一号文件，以及多种惠农惠民决策都已经起到了这样的效用。

其次，推动农业高校、院所的体制改革，发展和完善农民合作组织。随着农业企业的发展壮大，以需求为核心的农业技术创新模式应当成为主导，科研院所、大专院校为主的研究机构，其改革应当以"科学推动""需求拉动"为方向。中央政府在精准地把握其宏观调控职能的同时，还应当成为科技传播体系中的内生力量，为促进农业技术传播向以农业企业为主、协调高效的产学研理性互动模式发展提供有效的服务保障。

当前，存在于社会上的中介机构很多，在乡村社会中，也有着不同规模的中介机构，它们同样也服务于农业生产建设，提供信息，牵线搭桥。对于这样一些机构，中国在过去的管理中是存在着一些盲区的："中国社会组织的发育程度存在一个基本缺陷，就是政府培育不足，管理规范也不足"（黄小勇，2015）。出于政治安全、社会稳定等多种因素的考虑，在社会组织登记注册的审批方面一直比较严格。根据官方统计，全国注册登记的社会中介组织数量不多，约40万左右；而根据很多研究机构的统计，在国内实际运营的社会中介组织大概在350万到400万之间，两数据间的巨大落差说明，大量社会组织游离于规范管理之外。一方面，它们的运营缺少规范；另一方面，对行业主管部门来说，它们既未经审批，也没有注册，所以政府无须为这些组织的运营结果承担责任。结果，在政府力量和社会力量之间没有形成合力。

市场经济发展过程中，技术传播活动离不开社会关系重构，这需要制度性的调整。因为政府在职能转变中还有一个社会组织管理制度的改革。"2013年社会组织管理制度改革意见明确提出，政府要与社会携手，共同治理社会，积极培育社会组织。其中行业协会商会类、科技类、公益慈善类、城乡社区服务类等四类社会组织是我们大力支持和培育的。我们要使政府在提供公共服务，进行社会治理创新方面，有非常好的伙伴。"（黄小勇，2015）

再次，地方政府应当建立农民健全参与农业科技传播决策的制度，尊重农民意愿，减少干预，不再以行政手段强行推广农业技术。帮助农民建立与市场、农业科研单位的有效联系，搭建农业技术成果交易洽谈平台，促进科研院所、大专院校的专家和企业对接。

二、理顺研发者第一传播主体的地位

近年来，我国农业科技研发取得了卓有成效的进展。但因为诸多关系尚未理顺，致使许多科技成果仍止步于展品、样品，未能转化成科技生产力从而有效地服务农业生产。

作为农业科技研究的主体，如科研院所、大专院校，由于体制的制约及激励机制的缺乏等多种因素，在研究价值取向上，仍然是重学术、轻应用，重展示、轻推广，科技成果止于结项，有效转换少，因而形成了农业科技传播中有效供给不足的现象。

此外，就我国目前农业科技推广服务的体系来看，传播者的主体不是农业科技成果的拥有者，而是基层政府的农技推广部门。这种模式更关注科技成果的最终形态，相对忽略科技成果在研发过程中的诸多影响因子，因此它很难解决科研成果在推广应用中必然发生或偶发、突发的种种问题。与之相伴的是，许多基层的农技推广人员，文化层次及技术能力均相对较低，这种二次传递必然会导致传播过程中的信息衰减，不利于农业科技信息的有效传播。

过去，我们将农业科技传播作为公益事业，以政府行政模式加以推动，农民接受什么样的新技术、怎么样接受，都是由行政规划的。在耕地集体使用、集体共享的机制下，显然无可厚非。但耕地归农民个人所有后，却未能及时建立相适应的科技传播体系。换言之，在科技成果拥有者及所委托的传播者与需求者之间的供求机制还未完善地建立起来。而建立这一供求机制必有的一步，是强调农业科技成果拥有者的第一传播主体地位。明确了这一地位，由研发者带领，形成科技传播团队而非行政组织的传播体系，能与被传者准确对接，引导农户正确运用科技成果。这种模式不仅较好地推动了农业科技成果的有效传播，同时也保证了研发者的利益不受到侵害，激发了研发者的积极性。当然，这一主体地位的确立，也对农业科技研发者提出了更高的要求，要求研发者不仅具有开发产品的能力，同时还应当具备了解市场、开发市场等能力，开发出农户需求的科研项目。如我们前面所言，对于市场的需求、对于市场的风险，都应当成为研发者在开发新技术、新产品的过程中统筹关注的。这样的研发者及其团队才能满足农民的科技需求，也因此能维持科技研发在农业生产中的第一传播主体的地位。

三、强化受传者与传播者的"主体间性"认知

过去，我们更多地从传播主体、接受客体的角度来思考信息的传播。尽管我们也会研究"受众"，但这一概念大体还是立足于主体传与客体受的直线关系。

"主体间性"（Inter-subjectivity）也即"交互主体性"，它打破单一主体的状态，确认自我主体、他人主体，以及世界主体之间的平等对话关系，这是一种主体间的共在状态。在当下的农业科技信息的传播中，经常出现的是政府行为决定农业科技信息的供给与需求，无论动机有多么良好，但它忽视了信息被传播者对信息的需求能动性，换言之，忽略了接受者在选择信息的主体意识。这就违背了科技扩散的基本规律，也限制了主体间互动机制的建立与有效功能的发挥。

传播学中的"使用与满足理论"告诉我们，受众在众多信息中具有选择的能力。这里的"选择"是受众对于传播者提供的信息的"选择"，这里的受众群体，武汉大学的单波教授曾将之称为"公众的类主体化"，即"强调主体的集约性、群体性和人类性"（中国社科院新闻研究所、河北大学新闻传播学院，2001），却忽略了主体的独立性。

应当说，在与主体利益关联性不紧密的情况下，以集约性、群体性、人

类性为主要考虑方式的传播，是可行的。这也是大众传播媒介存在的合理性。

但在关乎农民命脉的农业生产方面，农民的主体性意识却表现得极端明显。作为传播者一方，只有改变观念，将传统的单一主体的"一对多"方式，转变为主体间性的思维方式，与对方进行平等的自我主体与他人主体间的对话，才能令农户消除或减少对结果不确定性的担忧。

在农业科技信息传播中，一旦忽视了这种交互主体性，忽略了二者间的平等沟通与对话，忽略了农民在这类信息的选择中的极强烈的主体意识，那么，这种传播功效就会衰减至零。因此，对于农业科技信息传播中必然存在的主体间性的认知，对于农民作为个体而非群体的主体性认知，是在信息制作、传播中应当高度关注的问题。

在强调农民作为科技传播的受传者一方必须具备"主体间性"认知的同时，还应当看到出现的另一问题，即相对城市居民而言，农民文化素养偏低，接收新科技的敏感性与信任度不高，加之我国农户耕地面积少、资金积累少，大多散户农民土地不多，农产品商品化率低。因此，人们往往倾向于选择投资少、见效快的农业技术，这些因素都会制约投资较大、长效性的农业高科技的有效传播。在此背景下，农村土地集约化经营也成为重要的农业现代化发展方向之一。我国自 20 世纪末以来实行农村土地承包经营权流转政策，指明了土地集约化的目标。在这一过程中，那些有文化、有技能的新一代农民或企业家，成为了新农人。当我们提出农民在科技传播中的所应具有的主体间性特征时，这些农民一定是有知识、有文化、有独立认知能力的新一代农民。这些新一代农民的出现与我国现代化农业建设中必然具备的以土地流转为前提的集约化生产方向是并行不悖的。

四、完善社会民间组织以提高农业科技传播效能

土地流转过程中，出现了一些以农业生产为主业的大规模的企业形式，

还有一些生产初具规模的中、小型散户。这些散户的生产，很难形成集约化与规模化效应，他们获取农业科技信息的方式，可能更多地依赖一些社会民间组织的传播。这种民间组织可以成为农业科技传播体系的辅助，同步推动农业生产的现代化进行。

前文提到，出于政治安全、社会稳定等多种因素的考虑，我国在社会组织登记注册的审批方面，一直比较严格。因此，官方统计的数据与现实社会的数据之间，存在着巨大落差。结果就是，社会民间组织的力量，未能获得政府的扶持培育，同时也缺乏规范的制度管理与服务。在农业科技传播体制创新的过程中，对这一部分力量给予足够的关注，提供规范的管理与服务非常重要。

为农服务的社会民间组织，主要是为农业生产与农产品销售服务。农民如何获得最需要的农业生产资料？如何将农产品及时售出？在幅员广袤的农村、在物资丰盈的时代，没有中介者，则信息传递不畅、物流没有效能。因此，鉴于当下网络建设的极度便捷，可以考虑尝试建立一些中介商咨询库形式的民间组织。

提供生产信息的中介商咨询库强调专业化。所谓专业化，即指中介商对信息掌握的快、准、全，对信息有较强的综合分析力。提供物流及商业信息的中介商咨询库应当为客户物流提供效益最大化的信息，以保证物流的便通和效能。还应当对进入市场的商品提出建议，比如包装形式、价格等，以促进双方互惠的交易。

中介商咨询库在服务大众的同时，可以逐渐建立起自己的目标受众群体。对其承诺给予更便利、更个性化的服务，以保证自己的目标受众群体的稳定性。同时，中介商所掌握的客户信息，也同样成为一种有意义的资料库。正如菲利浦·科特勒（Philip Kotler）所说"数字科技使企业得以追踪每一位客户……收集个人的资讯并与他们直接沟通，以形成持续、融洽的商业关系"（菲利浦·科特勒等，2002：17）。

今天，由于互联网技术的高度发达，建立中介商咨询库有了强大的技术支撑，智能手机已经成为当下普及的工具，信息的接收几乎可与信息的传递同步。在这样的保障下，精准全面快捷且具备分析力的信息掌握者——中介商咨询库一定能为农业生产和城乡物流提供有效的服务。

同时，也可以尝试建立类似淘宝网的机制，由专家出售专利或技术"商品"。在农业科技信息传播过程中，以公益化的形式给予服务固然是一种形式，但具有自我造血机制的产业化信息服务，同样也应当与公益化的服务形式并行不悖。付费服务是自我造血机制中的一环。由专家或技术员组建自己的"商店"出售自己的技术"商品"，由农民"选购"所需技术，并可随时与"店主"及时对话，这种方式同样可以尝试。

淘宝网机制与专家咨询库的共性在于它的责任制。因为要收费，因此要求有跟踪服务，从技术开始使用到成效校验结束。二者的区别在于，后者是等待农户提出需求，然后给予解答；前者是主动展示自己的技术成果，让农户选择，它与许多展览馆里开设的"农业科研技术展示"有很大的相似性，唯一不同之处是它是用来销售的，因此它有责任保证其成果有可操作性、可模仿性，同时也有成效。

对于这样一种模式，有关部门应当制定相应政策。首先，成为"电商"应当具有一定的资质；其次，鉴于农业科技传播具有公益与产业双重属性，收费标准也应当有相应的规定。当然，国家也可以根据政策给予一定补贴。

总之，充分发挥民间团队组织的力量，可以在政府提供公共服务、进行社会治理创新方面，起到良好的辅助作用。

五、因地制宜建立与当地条件匹配的传播体系

因地制宜，可以从微观与宏观两个层面来说。所谓微观，主要强调农业技术传播的产销对路；所谓宏观，主要是指农业科技传播体系的构成

模式。

从主体间性理论的立场出发，微观层面的农业科技传播应强调针对性、定向性，其技术提供应当具有适时、准确的服务保障，这是非常重要的对农服务思路。

被誉为"现代营销学之父"的菲利普·科特勒著有二十多本有关营销学的著作，其理论之核始终是如何对消费者传递具有最高价值的设计。《科特勒营销新论》更是强调"企业必须把重心从'产品投资组合'，转移至'客户投资组合'之上"，更多地关注"客户在考虑什么，要的是什么，做的是什么，以及担忧的是什么……谁会对他们具有影响力？"，而且其生产目标也要"从大量生产转变成为客户量身定做"，"从大众市场转变为专属个人的市场"（菲利浦·科特勒等，2002：IX、17、68、78）。确定目标消费者，力求做到市场细分，力求为目标消费者提供独特的设计，这就是针对性，也是定向化。显然这也是我们为农服务的题中之义。

在信息网络异常发达的今天，各类农业信息网大量涌现，均以提供农业科技服务为宗旨。

据了解，中国移动"农信通"热线呼叫中心现有数百名员工接听全国用户的来电，提供各类农业产品销路信息、农业生产信息的查询服务。除了常规咨询，还为用户提供专家咨询。此外，"中国种田大户服务网"是一家面向种田大户、家庭农场的专业型门户网站，拥有一个多年从事农业科研、生产、经营并具备实战经验和实践水平的专业团队，其宗旨是"为中国规模种田提供最专业的免费服务"。

但这里有一点需要推敲：既然是面向全国给予咨询，显见专家们都是通用型的，农户如果需要有针对性的帮助，仍然需要去寻求更准确的技术指导。所以通用型的专家固然应当有，但是有针对性强的专家更为可贵。免费服务于"三农"的公益活动，其功能类似于城市医疗咨询公益活动，大体给予一个诊断，然后建议到医院去接受进一步诊断。那么对于农户而言，这样的公益活动仍然不能解决具体问题。

针对不同地域、不同种养殖品种，制定相对定向化的稳定的农业传播通道（如专家咨询库机制）尤为重要。专家的分科分类，比如东北地区水稻种植专家，华东地区或浙江沿海地区螃蟹养殖专家，华南地区果园种植专家、治理病虫害专家等，其依据应当是在特定地区特定品种的种养殖方面有自己一系列的科研成果支撑、并具有相应的实战指导能力。

也可以建立这样类别的专家库，其中的专家按其科研成果研发于何类地域来分，其成果适应于哪一类地区、环境、气候、土地状况；又或者按专家对于哪一类地区的某类农业信息的熟悉度划分，等等。

还可以有这样一类的专家库，即生产流程专家。负责针对农业生产资料（如农药、化肥、种子）的使用提供技术咨询，比如使用何种农药和使用量的多少；使用何种化肥和使用量与时间的把握，等等。当然，这一类的专家仍然需要具有地域上的针对性。当下中国的农户，对于农业生产资料的使用还未达到了然于心的状态，比如种子的质量与使用方式、农药打药后的监测过程，化肥使用的精准比例以及如何轮番使用，等等。过去的小户散户状态，常常用人力来解决诸多问题，但是在集约化生产日趋成形之时，人力投入的大量减少，人力成本的大幅攀升，使得很多问题不能再倚仗人力来解决了。现在农村市场中，售卖上述产品的商家往往成为生产厂家或发明者的产品经销商，用户在他们的指导下使用产品，这种指导是有用的，但精准度很难说，因此也是有风险的。同时经销商自身的能力、素质、商业道德也常常会影响产品的效度，甚至影响产品的信度。

要言之，专家库成员应当将特定地区的农户或特定产品的种植户作为他们的目标对象，为其提供服务，提供具有针对性的建议信息或指导信息。这样的咨询更具实用性，为此消费享受此项服务的农户，才会认为"物有所值"。

从宏观层面来看，农业科技传播体系的建立一定要结合当地的经济发展状况，结合当地的科技条件、生产条件及生产主体的特性，因地制宜，构建其独具特色或适应当地农业发展需要的传播体系。关于这一点，长三角地区的农业生产发展过程，农业科技传播的特色和作用以及地域文化所带来的影响，由此而揭示的各种具有启迪性的经验和教训，均可以作最好的佐证。下文将针对这些方面详细展开。

第二章 江苏：农业科技传播的"跨界合作"模式

改革开放后，农村最突出的体制变革是实行家庭联产承包责任制。20世纪90年代中期以来，现代农业的发展观在政治话语层面逐步凸显，农民、农业企业作为现代农业发展的主体在中央文件中被确立。在江苏、安徽、湖北的调研中我们发现，经济发展较快的地区出现了可喜的现象，农民作为直接面向市场竞争的经营单位，在农业技术传播活动中逐渐成为重要力量乃至主导力量。

20世纪80年代到90年代初期，在家庭联产承包责任制条件下生产经营以单个农户为主。在第二次农业革命的背景下，苏南地区在全国较早进行工业化，农业人口比例下降到30%，为农业集约化生产创造了条件。苏南地区农民在当地政府及相关机构帮助下，拓展社会网络。作为发展主体，农民市场交流中主体意识、平等意识、契约意识增强，谈判能力逐步提高。在农业经营适度规模化的发展中，苏南地区涌现出一批现代农业企业。农民的市场意识、经营观念和实际能力明显增强，具有新型农民的典型特征。新型农民的能动性体现在：主动出击，与农业科研机构建立联系；在掌握一定技术的基础上，他们或强化、或拓展与农业科研机构的技术交流；有的农业企业发展壮大后设立院士工作站，重金聘请博士加盟企业，进一步加强与科研人员的沟通，提升了农业生产经营的综合实力。在农业生产经营企业化、规模化的条件下，农业企业自身主动构造的社会网络对获取各种信息具有决定作用，

"跨界合作"对于提升农业科技传播效率显得尤为重要。

第一节　江苏农民主体角色的多重性

过去相关研究，通常选择一个已经完成或跟踪正在进行的推广项目。通常情况下，这类推广项目由政府推动或商业推动，或二者结合，技术传播的主导力量在于技术的推广者。而这一次我们选择了一个正在创业的农业企业，通过访谈观察该企业的技术传播活动。以技术使用者的技术需求为中心，通过跟踪作为技术创新主体的企业，特别是企业家及员工的日常活动，以观察和探讨他们如何建立、维持、加深与技术供给者（农业科研院所、大专高校等）的关系，如何完成技术创新的任务。这类技术传播的主导力量，在于技术的使用者。

一、农民信息意识增强催生多重身份产生

江苏吟春碧芽股份有限公司，是一家发展较快的科技型农业企业。公司集科研、种植、加工、贸易、培训和示范带动的农民合作组织于一身，注重科技兴农，大力开展产学研合作，以工业化的发展理念铸造农业企业。该公司成立于 2003 年，起初注册资金为 3 万元，拥有茶园 150 亩。目前，该公司已发展成为注册资本 3 000 万元，并设立了一个 600 万元注册资本的科研单位。

与该公司"结缘"可以追溯到 10 多年前我们的一次乡村调研。2006 年 1月，临近春节时我们去镇江丹阳进行调研。这次调研是通过我校一位丹阳籍老师帮忙联系的，他的哥哥是丹阳市农业资源开发局干部。第一天我们被带到当地"稻鸭共作"技术示范镇参观访谈，这是一项由当地的一位农技推广

人员从日本带回的技术，在当地试验后取得成功。这项技术的一大特点是利用特种鸭子消灭害虫，种植水稻不用农药，最终收获无公害的水稻和野生鸭子，生态效益和经济效益都很好，经常有全国各地的人来学习取经。当天调研结束后，我们提出想到村里访谈农户，了解他们获取农业技术信息和市场信息的渠道。同事的哥哥想了一下，说明天介绍一位村支书给我们认识。到村里调研一般需要先和村支书或村长建立联系，否则村民们对外来人员一般不愿多谈。

第二天上午，同事的哥哥带我们到县城外公路边上的一个村庄，我们没有进村委会，而是径直走进村委会隔壁的一个门，门上挂着"迈春茶叶研究所"的牌子。上了二楼，接待我们的是一位个子挺高、有些瘦削的人，年纪有50出头。他叫王金和，是丹阳市云阳镇迈村村支部书记，他们村在农业信息化方面是丹阳市示范村。我们说明来意后，王金和又叫了几个人来一起谈，有村里的副支书、团支书、妇女委员、大学生村官和两位村民。一起交流之后，大学生村官又带我们到村民家里进行访谈。

对王金和的第一次访谈是从"网络进村"这个话题说起的。我们问及，"听说你们村接通网络的时间比较早？"王金和接过话题侃侃而谈：我们迈村在1996年网络进村，是很不容易争取来的。以前迈村是远近闻名的贫困村，没有像样的工业经济，农业生产也是一家一户的小农经济。丹阳市委市政府当时确定迈村为定点帮扶村，每年年底由联系帮扶的部门援助两万元，这些钱只能解决五户困难家庭。过去迈村村民的精神状态低迷，澡堂里躺躺，麻将打打，一部分人喝酒打发每天生活。当时公路还没有通到这里，交通不便、信息闭塞。村民家里一般只有一台14寸黑白电视，放在媳妇房间，年纪大的看不到电视，只能家里祠堂放小喇叭听广播。现在生活水平提高了，村民家里多数有两台彩电。1996年，对口帮扶的单位是丹阳市广电局，村支书王金和提出不要年底的两万元扶贫慰问款，改为向该市广电局申请光纤进村。

王金和回忆起当年申请光纤的艰难过程。广电局局长说没有这项政策，农民都还没有电脑，光纤进村实际作用不大，还是拿扶贫款实在。1996 年南京市的网络入户比例还很有限。但王金和态度坚决，他找到局长反复谈网线进村的好处，局长实在纠缠不过，费了一番功夫才让光纤进了迈村。王金和至今很感激这位已退休的局长，因为光纤进村一举打破了村里信息闭塞的局面。

1998 年，王金和获知南京的一家外贸企业想在邻近南京的镇江丹阳设立加工厂，正在选址。王金和带领村干部去和这家外贸企业谈合作，希望加工厂能设在迈村。该企业起初并不情愿，因为该村还没有一家企业入驻，担心配套环境不理想。但当得知该村已经光纤进村后，该企业就知道村里的眼光与传统农民不同，同意在迈村设厂，因为对外贸易需要及时了解行情，网络对其业务很重要。由于有了光纤到村，迈村成功招商引资一家外贸企业。之后几年，在该村设厂的企业越来越多，形成了集聚效应，到 2009 年底已有28 家民营企业落户迈村，年销售收入超过 3 亿元。王金和借助网络平台，发布农产品信息，该村特色农业小葱种植实现 1 亩收入 1.2 万元人民币。迈春茶叶研究所建立了自己的网站——吟春碧芽网，宣传茶文化和茶叶品牌。一根好不容易争取来的网线，给迈村带来了实实在在的收益。

在与王金和及村民们的交流中，我们感受到一种比以往访谈过的其他村庄村民更为强烈的信息观念和市场观念，这种观念和该村关键人物王金和息息相关。我们将话题转向王金和个人的成长经历。王金和 1952 年出生在迈村，父母亲都是农民。他出生时家里贫困，一家人面朝黄土背朝天，辛辛苦苦一年，往往连养家糊口都困难。王金和早年没有读过几年书，无法通过读书改变命运。但是没有文凭并不代表缺少能力，王金和的聪明和爱折腾在村里镇里是出了名的，他天生有种敢闯敢干、实干巧干的精神。年轻时王金和做过瓦工，他看到能看懂建筑图纸的工程师挣钱多，就暗下决心学习建筑设计。他利用去上海的机会买了一麻袋书回来"啃"，不懂就请教建筑队里的工程师。功夫不负有心人，王金和考取了工程师资格证书。20 世纪 90 年代，王金和和一批有能耐的农民一样开始另外一种"背井离乡"的生活。他把目光转向丹阳市城区，选择自己熟悉的建筑业，干起了当时方兴未艾的房地产开发，很快崭露头角，成为当时城区房地产业的三强之一。

镇党委领导找到王金和，动员他发挥能人的示范带动效应，回村挑起村支部书记的担子，发展经济，兴村强村。带着对故土的情感和眷恋，凭着自己这些年来在市场经济大潮中练就的拳脚，王金和把城里的资产变现，作为回村创业的启动资金，带着老婆孩子回到迈村履职"村官"。

这次调研给我们带来了很大的收获和启发。我们自 2006 年以来一直关注迈村的发展，每年都要去迈村看看，感受其变化中蕴含的巨大冲击力。

丹阳市迈村案例代表了江苏的很多乡村在新型城镇化过程中农业科技传播体系创新的一个重要方面。这些乡村在新型城镇化过程中逐步引入一些外来工业企业，让本村一部分村民以"离土不离乡"的方式实现了从农业劳动者向工业劳动者的角色转型。在逐步解决本村劳动力过剩问题的前提下，土地相对集中，本地不少村民在农业大户、专业户的示范带动下从事现代农业生产和经营。

在江苏，特别是苏州、无锡等地区，还存在另外一种农业现代化的方式。这类乡镇由于毗邻上海，具有得天独厚的地理区位优势。当地很多能人直接开办工业加工和贸易企业，不仅吸纳了当地绝大多数农村劳动力，甚至还吸引苏北、华中等地区的劳动力来此就业，外来人口比例普遍接近 50%。这类乡镇由于工业基础雄厚，新世纪以来村镇面貌焕然一新，公共基础设施完善，第三产业发展迅猛，本地劳动力 90% 以上从事第二、第三产业，相应地从事现代农业的村民比例较低。这类先进村落在农业现代化和农业技术传播方面，探索出了适应自身发展特点的创新体系。我们对苏州市吴江区盛泽镇黄家溪村进行了实地走访调研，了解到当地的创新实践经验。

黄家溪村地处盛泽镇最北端，是全镇比较大的村之一。现有人口 3 000 多人，800 多户，近 30 个村民小组。土地面积 5 600 亩，村民营企业共有 50 余家，企业固定资产达几十亿元。2008 年以来，该村在经济发展、新农村建设、农民增收、维护社会稳定等方面工作成绩斐然。人均收入由 8 000 元增长至 30 000 元以上；村集体资产从无到有，已突破 2 000 万元。

在村委会办公室，我们和陈志明书记以及相关村干部和农民进行了座谈。陈志明本人是一家纺织面料加工厂的厂长。他说自己主要是受到舅舅的影响，主动担任村干部，想为村集体发展做一些贡献。该村大部分青壮年劳动力都进入工厂或从事第三产业，只有几位村民各自承包了 50～100 亩土地从事现代农业生产经营。例如村民顾发明，利用大棚技术种植火龙果、猕猴桃。前几年还有一位大学生村官，在村东边带领一些村民承包 100 多亩果木园，主要种植黄桃树、梨树、枣树等。现在大学生村干部已离任，果木园也将进入新一轮发包程序。陈书记介绍了该村发展现代农业的基本理念，由于本村劳动力基本不依靠农业为生，所以能够将成片的土地由村集体统一发包出去，按照各户原有土地面积比例分配发包费用，一般在 2 000～10 000 元 / 亩不等。过去农民保留少量自留地，一些年纪较大的村民种一些口粮和蔬菜，农业技术水平不高，对农业新技术兴趣不大。

近几年，村委会在充分了解和采纳村民意见的基础上，在总体上以村集体为依托，聘请专业人员规划村庄布局，科学规划农田，基本目标有两个：一是通过引进新技术提高农产品质量，满足村民需求；二是要求引进的农业技术对村庄环境具有良好的促进作用，争取建设"美丽乡村"。在上述目标指引下，村委会成立土地流转发包小组，公开进行土地出租。发包小组成员之一、村妇女委员会主任吴秀英介绍，有鉴于以往各包各的土地，种植的农药可能会影响到养殖的鱼塘，环境受破坏。因此现在的发包政策倾向于有资质的现代农业公司与农业科研院所、大学等进行合作，建立实验基地发展高效环保农业。过去本地或外来承包户经营理念相对落后，凭经验种养殖，抗自然和市场风险能力弱，曾出现承包费无法支付的现象。有的承包户雇佣一些外来劳动力，粗放式管理，农业经营效益不高。

发包小组成员之一、村委会兼职委员陈群华从事土地发包工作 10 多年，他提到由村集体出面联系有技术实力的公司、院校来村里开发观光农业、采摘农业。例如村民杨志荣聘请浙江绍兴的技术人员在本村养殖来自日本的观赏鱼品种锦鲤，颇受市场欢迎。还有的村民引入蒸汽养殖技术，解决了冬季温度低的难题。村委会计划和公司、院校合作成片种植无公害水稻、蔬菜，今后可以优先提供给当地村民。这些成片的稻田、水网能够为螃蟹养殖提供场所，不再需要围湖养蟹，避免破坏生态环境。

从上述苏州市盛泽镇黄家溪村的案例中我们可以看到，在部分工业化、城镇化发展较快的村庄，本地农业劳动力大部分从土地上解放出来，不再从事农业生产经营，但在新型城镇化发展过程中，这类村庄以一种新的形式推动着农业技术的传播推广。这些动力包括：一是市场农产品质量需求不断提升，这直接推动村委会科学规划、引进现代农业生产经营主体来村里开发现代农业产业；二是经过二、三产业发展积累后，村民不再依赖土地为生，这就为土地集中连片开放承包、引入现代农业技术提供了基本保障；三是村集体经济实力增强、优秀的村干部在对内协调土地承包、对外开展合作过程中发挥了重要作用。

二、破除制度隔阂争取各级政府部门支持

2003 年，镇江丹阳市云阳镇一个边远的村有个茶场，茶树比人还高，长久没人来承包。镇里分管农业的副镇长找到迈村村支书王金和，劝他去承包。王金和从小没见过茶树，不会种茶叶。过去看了后，发现当地自然环境很好，他形容茶场"像天然氧吧"。

王金和回来后上网查询有关茶叶的资料，发现国外有个著名的茶叶品牌，自己不种植生产原料茶，但加工出品的红茶有 20 多个品种，是世界名牌，每年有上千亿产值。王金和在丹阳市统计局找到一份资料，该市的茶叶消费量达 620 吨，而本市茶叶年产量只有 420 吨左右，只占全市消费量的 70% 左右。

随着人们生活水平日益提高，消费者对茶叶质量的要求也随之增长，特别是对名优茶的消费量逐年扩大。王金和还走访该村 20 多家落户的加工厂，了解到这些企业对茶叶消费的需求量较高。经过一番调研，他认为茶叶是大众化的消费产品，市场需求量大，只要茶叶品质好不愁卖不出去，利润也相当可观。

"茶场地处丘陵岗坡地带，如果搞工业，不仅没有优势，而且可惜了这里的绿色生态环境。我们决定以这里几百亩荒芜茶园为突破口，走现代农业之路。"于是，王金和下决心合伙承包茶场。首先要做的就是改造茶场，引进品质好的茶叶新品种。但如何获取茶叶新品种？引入新品种后如何做好日常田间管理？如何将茶叶加工成优质的茶叶成品？一系列的技术难题摆在了"半路出家"的王金和等人面前。

王金和经过一番了解，得知设在浙江的中国农业科学院茶叶研究所是国内茶叶技术方面的权威研究机构，他决定主动与该研究所建立联系。王金和回忆说，开始与科研院所对接很困难，丹阳市技术局副局长带着去，对方都不愿意接待，吃了个"闭门羹"。因为茶叶研究所从来没有和一个村级单位直接打过交道。没有一个专家教授愿意为一个农民门外汉"扫盲"。这一次王金和深深地明白了技术和人才的重要性。

经多方打听，不甘失败的王金和终于找到一个办法，解决行政级别不对等的障碍。2004 年底，迈村经市里技术部门、工商局批准成立了迈春茶叶研究所，注册资金 5 万元，法人代表是王金和的妻子崔桂玲。营业执照上写明经营范围是"茶叶新品种引进、试验示范、品种改良，茶叶制作工艺及系列产品的研究、发展、推广应用"。接着，王金和和崔桂玲就以迈春茶叶研究所的名义去请中国农业科学院茶叶研究所专家来现场指导。尽管当时迈春茶叶研究所还是个空壳子，但它向高级别的茶叶科研单位提出了一个切实可行的研究项目，双方建立了合作联系，一举解决了科研院所和行政村级别不对等的难题。一个村级茶叶研究所为贫困村搭建了技术传播平台，实现了借助科研院所进行技术攻关的目的。

"由丹阳市技术部门审批成立的茶叶研究所，是一个具有节点意义的事件，逐步铺就了我们的科研道路。"因为有了茶叶研究所，不少国内外学术会议、茶叶界的技术活动向迈村敞开了大门。从 2007 年开始，迈村的农民开始进行技术攻关。如何进行循环农艺，如何保护生态等等，都写出了论文。全国茶叶清洁化生产论坛在这里举行，省技术厅的攻关课题——"茶叶清洁化生产不落剂关键技术连续化课题"也成了他们的囊中之物。而且，研究成果还在无锡举行的国际发明展览会上获得银奖。

迈春茶叶研究所和中国农业科学院茶叶研究所合作成立了茶叶加工工程研究中心，以迈村茶园为实验基地，从事茶叶加工全过程研究，研究范围涵盖茶叶初加工、深加工、新产品研发、制茶化学工程及加工装备等环节。经过几年发展，该研究中心现有科研人员 18 人，其中高级职称 5 人，中级职称 7 人，有博士 2 人，硕士 8 人，正在培养的硕士研究生 10 多名。现在已经是国家高级品茶师的崔桂玲只是中专毕业，自从担任迈春茶叶研究所所长以来，一门心思钻研茶叶知识。2008 年她成功考上中国农业科学院茶叶研究所的农业推广专业硕士。王金和将村里上过高中的村民分别送到安徽、浙江、江苏等地的大学学习种植技术、学习品牌营销、学习农业机械，到中国农业科学院茶叶研究所学习茶叶新品种培育、精加工，等等。目前，通过迈春茶叶研究所这一科技平台，已有 96 名农民通过培训，获得农业部认证的高级品茶师以及制茶师、农艺师等中级职称。

在中国农业科学院茶叶研究所专家指导下，迈春茶叶研究所在地里种上黄豆，成熟后让其烂在地里增加氮肥含量；开挖 60 厘米的深沟，埋入树皮、稻草、牛粪，改良土壤；改种适合当地土壤的"无性系茶叶"；采用新的栽培、施肥、治虫、裁剪方法。经过改造，这片茶场核心区的 2 000 多亩茶园，1 000 亩通过了无公害认证、500 亩通过了绿色食品认证、80 亩通过了有机茶认证。

三、农民利用多重身份拓展农业科技传播渠道

第二次去丹阳调研，我们直接去访谈王金和。赶到迈村时，王金和等正准备开车到安徽大学谈茶叶包装设计，两天后回来。留守的副支书驱车带我们从迈村出发，半小时后到达云阳镇迈春茶叶研究所的茶场（以下简称迈春茶场）。走进茶场，满眼茶树绿叶，地形蜿蜒起伏。茶树上挂着收集实验数据用的设备，田间竖着许多电线杆，杆子顶端，挂着高速旋转的电风扇。这些硕大的电风扇是为了预防"倒春寒"。"倒春寒"是江苏茶场的一个老问题。丹阳市外国专家局与日本相关部门和农业协会有定期交流机制，王金和利用这一机会了解到，在日本架设电风扇赶走寒气，是茶场对付不期而至的霜冻的有效办法，东芝公司生产这种专门的电风扇。王金和通过外国专家局请来日本专家，现场指导迈春茶场装置电风扇和传感设备。目前已收集到大量的有关"倒春寒"的温度、湿度数据，村里对"茶场如何装电扇""装多少电扇""什么时候开电扇"，已有了基础数据。

2002 年以来，迈春茶场通过镇江市外国专家局，连续多年聘请日本专家指导茶叶机械化生产技术。根据品级茶叶加工工艺的要求，采用温度、水分的快速检测技术以及研制的关键设备和控制系统，建立了一条机电一体化的连续化中试生产线，保证了茶叶制作的质量。有了茶叶品种、品质的保障，品牌的推广成为关键。近年来，迈春茶场的"吟春碧芽"获得名茶评比大奖金奖，还通过了有机茶认证。村民李荣全说，原来村里的茶叶 10 来块钱一斤还卖不出去，现在一亩可产"芽绿茶" 3 斤、"一芽一叶" 15 斤、"一芽二叶" 20 斤，每斤价格分别为 1 300 元、600 元、150 元，"外面抢着要，再加上秋茶、红茶，扣除了成本，每亩纯收入至少万元以上。"迈春茶场生产的茶叶已具有品牌优势。在王金和带领下，江苏省丹阳市吟春碧芽股份有限公司经过 5 年发展，名列"2008 年中国茶叶行业百强企业"第 57 名，闯入全国百强。

崔桂玲与女大学生村官、返村女大学生一起，联合镇江、常州、无锡、连云港等地茶场，组建省级合作社。2011 年迈春茶叶研究所实施农业部"茶园机械化防霜技术引进、创新及应用"（948 计划）项目，承担农业部"十二五"茶叶产业体系综合试验站项目，示范带动 5 个示范县 10 多万亩茶叶生产。2012 年还承担国家 863 计划课题——"茶园智能化关键技术与装备开发项目"。研究所创立的"吟春碧芽网"，既传播农业技术知识和信息，又为农民搭建起致富平台。

2014 年 6 月，江苏省企业研究生工作站、江苏大学研究生实践基地授牌暨"产业教授"受聘仪式在丹阳市吟春碧芽股份有限公司举行。中国农业科学院茶叶研究所副所长、江苏大学副校长、丹阳市领导、农业工程研究院副院长等出席了授牌暨受聘仪式。王金和代表吟春碧芽股份有限公司回顾了创业过程，他说企业创新离不开技术和人才，只有培养人才与引进人才才能更好地推动企业发展。通过与江苏大学强强联合，同时提高学校和企业承担国家重大课题的研究能力，才能实现以企业为主体的技术创新。优势互补实现"双赢"，必将得到方方面面的热情支持和参与，从而展示其强大的生命力。由江苏省委组织部、省教育厅、省技术厅组织评定并公布的首批"产业教授"名单，王金和榜上有名。他是江苏大学选聘的六位"产业教授"之一，也是全省首批受聘"产业教授"中唯一的一位农民。这个新学年即将走上江苏大学的讲台。

王金和总结迈村这 10 多年的技术化发展历程，感慨地说："农民最缺什么？最缺知识！通过上网，农民也可以了解越来越多的知识、技术和信息。"对于人才的培养和引进他也是不遗余力，"现在谁要迁户口到迈村可不容易。但对于高级人才，我们有绿色通道"。他们曾经用 40 万年薪聘请一位茶博士来村里工作，来这里工作的博士还有三四人。

前几年，"创新服务机构"省级平台落户这里。通过这个平台，他们可以接触更多的科研院所。在茶叶研究领域有很高造诣的中国农业科学院茶叶研究所、安徽农业大学，在茶叶机械装备设计上高人一筹的江苏大学，以及在品牌建设上让人羡慕的浙江大学，都和他们有了紧密合作。现在，为了不断开发茶叶延伸产品，他们又和湖南农业大学合作进行茶叶的深加工研究，如制作茶糕点、茶牙膏、茶枕头等。2008年，当时我国唯一的一位茶叶院士陈宗懋也和他们深度合作，迈村的茶场也成为陈宗懋院士团队的有机茶叶研发基地。在这些工作站点，时常能看到王书记和硕士、博士们交流业务、探讨茶业发展的身影。

迈村的茶叶研究，最终进入了国家视野。"茶叶含氮量检测方法""防除霜植物冻害控制技术"双双获得了国家发明专利。前一研究成果成为国家948计划研究课题，后一专利还申请了国际专利。前不久进行的国家863课题申请答辩，对王金和是一种挑战，也是一种历练。没过几天传来好消息，"茶园智能化机械防霜技术和装备研发"项目获得国家863计划立项。一个村里的农业项目获得国家863计划立项，无论在哪个城市都很少见。吟春碧芽公司是项目实施主体，江苏大学是技术支持单位。王金和开心地说，"以前是我们围着专家转；现在是专家来找我们，跟着我们转，因为我们手中有项目。"

人称"茶博士"的王金和，说起茶经茶道口若悬河，从"吟春碧芽"品牌的命名到茶园新工艺、新技术的引进，处处体现着他的智慧。"我们能从一个3万元起家的村办小企业，发展成为产值8 600万元的省级农业高新技术企业，并准备上市，靠的就是人才和技术。以前一斤茶叶只能卖100块钱，现在能卖到一千元、几千元，最贵的绿茶甚至能卖到3万元。每亩茶园两三年的收入就能让农民买上一辆小汽车，我们已经带动3 800户农民致富。"

这些年，王金和借助职教园新校区建设的机遇，先后联办了4期培训班。在此基础上，他积极与农林部门联系，争取省致福工程项目，在全村建立了电脑学校，配备了专职维护人员，定期对农户进行培训。目前，迈村的网民达3 000多人。2008年底，迈村还先后将本村10余位农民送到日本学习种茶技术。2009年，通过培训和考试，迈村有86位农民评上中级农艺师、评茶师等职称，3 位农民被评为高级工程师。

第二节　农业科研人员跨界兼职与农民合作创新

一、农业科研成果与农民需求脱节问题亟待解决

20 世纪 50 年代末起，通过施行农业部颁布的《农业技术推广方案》，我国初步形成了中央、省、县、乡四级以技术推广、植物保护和良种繁育为主要功能的农业技术推广体系。改革开放前，我国的农技推广线性传播模式是自上而下的行政命令式的"供给主导"，具有很强的计划经济色彩。推广服务活动的行政干预很强，推广的项目、内容都是为完成上级指派的任务和指标，具有强制性，多数基层乡镇农技机构推广的技术都来源于上级农技部门。在农技推广过程中，乡镇农技机构将各目标群体视为"同质"的，统一提供技术；在服务领域上以产中服务为主，尤其以种植、田间管理技术居多，很少涉及产前、产后服务；在推广品种的选择上主要以农作物，尤其是粮食作物的推广为重点，以提高产量为目标；服务内容则主要集中于统一提供良种，统一灌溉，以及简单的种养殖技术指导等有限的项目；技术类型多为高产技术和节约资本的技术。

改革开放后，随着经济体制的转型和经济结构的调整，消费者的需求日益多样化，对农产品品质的要求也越来越高。农民依据农业生产要素及产品相对价格、技术获利性及市场前景等因素进行理性判断，生产决策已经趋向"市场导向"和多元化，对农业科技传播的需求已经从产中服务延伸到了产前和产后服务，对品种的选择从传统的粮食作物转向了一些附加值较高、能带来更高经济利益的经济作物，而对技术类型的选择已经由高产技术转变为优质技术，由节约资本的技术转变为节约劳动的技术。由此看来，原有体制

下建立的农业科研和推广机构缺乏了解农民需求的主动性，无法适应农民生产行为的变化，只是教条式地执行上级制定的推广任务，与农民的实际需要存在严重脱节，缺乏应对市场变化的灵活性。在整个推广过程中，农民很被动，他们在产前、产中、产后各个环节上对社会服务的多样化需要得不到反应和满足。乡镇农技机构担负着直接联系农民，完成农业技术"最后一公里"的传播任务，作用十分重要。

改革开放后，基层农业技术推广机构改革效果不理想，部分地区出现农业技术推广缺位现象。我国农业技术推广机构经历多次变革，但近年来，却出"网破—线断—人散"的局面。其中乡镇一级农技推广机构的问题非常突出：管理体制的计划经济特点不能与市场经济相适应，组织结构涣散，人员冗杂，效率低下，无法履行职能，更无法完成农业技术"最后一公里"的推广服务，这些问题直接威胁到了整个农技推广体系的生存与发展。

目前我国乡镇农技推广手段落后，在乡级推广机构中，推广方式主要依托如现场会、试验、示范等小组辅导，以及黑板报、小册子等最原始的方式，信息的传递速度较慢，缺乏时效性，更无法保证农民对技术、信息的有效掌握。但即使是这些原始的技术推广方式，在使用上也远远不足，很大程度上流于形式。

调查显示，只有不到一半的乡镇农技机构曾经举办过现场指导会，平均一年不到5次，平均每次仅有200位农民参加；大部分乡镇机构还通过黑板报的方式来传递农业技术信息，但黑板报更新的速度很慢，平均3个月更新一次，且传递的信息内容有限。另外，印制小册子也是乡镇机构进行农技推广活动的主要方式之一，但平均每年只印发5 000册，其内容和覆盖面都无法满足农民的需求。这些服务手段十分不规范，占用了大量资源，传播效果却不甚理想。

二、科研体制改革催生农业科研人员新身份

陈宗懋院士是全国各大茶场争相聘请的权威，却与王金和一见如故，尤其赞赏他用工业理念来进行茶叶标准化、绿色化、品牌化生产的做法。陈宗懋院士放弃其他茶场的高薪聘请，做起吟春碧芽的技术"掌门人"。2008 年，吟春碧芽股份有限公司成为了江苏省第一批企业院士工作站单位。

2005 年起，江苏大学与其开展了茶园智能防霜冻技术、茶叶含水量和有效成分检测等研究，目前还在研究基于物联网的茶园精确化管理、茶树的设施栽培。在陈宗懋院士指导下，江苏大学作为技术支撑单位协助江苏吟春碧芽股份有限公司成功申报江苏省高级人才专项"茶叶质量安全关键技术及装备的创新与产业化"项目，获得经费资助 700 万元，并为该公司开展技术服务工作。

前几年我们到迈村调查，看到的是当地农民通过迈春茶叶研究所学习茶叶相关知识和技能，获得资格证书。近两年到迈村调查，每次都会看到一些新面孔，已有 6 位大学生加入吟春碧芽股份有限公司。这些来自北京农业大学、扬州大学和苏州大学等高校的大学生，既有本地的，也有外省的。

刘静老家在安徽蚌埠，去年她从安徽某商学院毕业后，经崔桂玲介绍来到吟春碧芽股份有限公司，主要从事档案管理及办公室工作。她已把迈村当成第二个家。动物科学专业出身的汤超，在外人看来她所学的专业跟茶叶生产没有直接关系，但是汤超认为："现在的农村变化很大，只要有平台就能发挥自己的才智。目前，我在茶场做微生物实验等方面的工作，其实这与茶场的生态建设也有着密不可分的联系。"

谈到如何发挥大学生作用，王金和说农业企业发展离不开技术和人才，引进的大学生所学专业不同，形成技术互补的优势。过去对外交流需要王金

和花费极大的心血来跑，这两年，公司的科研项目申报、品牌园区建设、省级高新技术认定和新农村建设等各个方面都离不开大学生的参与。目前公司上市工作已进入了正常轨道，他们还要进一步引进各类高层次人才，壮大技术实力，更好地带动农民增收致富。

最近，吟春碧芽股份有限公司设立江苏省企业研究生工作站，江苏大学农业工程研究院 10 名研究生正式收到聘书，受聘为技术助理、技术工程师、生产部经理助理等职务，在茶场进行历时一年的挂职锻炼。在田间地头接受农民教授王金和的指导，向他学习技术产茶、制茶的门道。在迈春茶场，江苏大学的研究生们一直忙个不停，不仅要参与杀青、揉捻等制茶过程，还要用光谱分析技术检测每道工序中茶叶的含水量。吟春碧芽股份有限公司是江苏省首批农业技术型企业，其"万亩生态技术茶园"是有机茶叶研发基地。

韩宝瑜博士是国内知名茶叶专家，出任江苏吟春碧芽有限公司副总经理兼茶叶研究所技术总监。这位在茶叶领域拥有数项专利的茶博士最终谢绝其他地方的邀请，从杭州来到丹阳。在中国，茶叶生产量最大、制茶技术最高的地区并不是江苏；在江苏，丹阳也算不上知名的茶乡。是什么吸引了这位茶博士呢？

为了抢到韩博士，去年以来，王金和多次到中国农业科学院茶叶研究所，与韩博士推心置腹地交流，提出年薪 40 万元聘请他担任公司副总经理兼茶叶研究所技术总监，同时为他提供面积 4 000 平方米的研发中心，配备专车和专职司机。今后公司还将在其研发的新产品和新技术所产生的效益上提取 5% 作为奖励。王金和以农民特有的朴实彻底打动了韩博士，双方签订了为期五年的合同。年薪 40 万聘请一个茶博士，到底值不值？村里对此有不同声音，王金和深有体会地说：吟春碧芽股份有限公司能从 2003 年创办时注册资本 3 万元，发展到现在注册资本 3 000 万元，从一家毫不起眼的村办小企业发展成为一家省级农业高新技术拟上市企业，靠的就是人才和技术。如今企业虽然设立了院士工作站和博士后工作站，拥有 10 多名中、高级技术职称的农艺师和制茶师，但随着企业步入发展快车道，最缺的仍然是人才和技术，尤其是像韩博士这样的顶尖人才。

吟春碧芽股份有限公司开出这么高的年薪也不是没有条件的。五年中，韩博士要完成一系列新产品、新技术、新装置的研发，不断扩大企业生产规模，将"吟春碧芽"打造成中国名牌和中国驰名商标，并在中小板上市。王金和指出，"韩博士加盟后，我们可以通过技术创新来大幅提升茶叶的综合效益，我们的目标是五年内辐射带动丘陵山区茶园 6 万多亩，让 3 600 户农民通过种茶过上好日子"。

三、农业科研人员与农民的"跨界合作"

技术采纳者的素质在创新扩散过程中的作用越来越凸显，农民社会价值观念的变化成为重要变量。重农轻商的传统观念在沿海地区已经得到转变，但还存在官本位、小富即安等旧思想残余，社会舆论对于企业家被政府提拔为官员持向好、正面评价，社会各类人才，尤其是大多数大学毕业生等高素质人才仍然以公务员为首选职业。

微观层面看，在苏南地区农村家族中，族人对于家族中从政和经商的态度明显不同，年青人择偶时对于公务员职业有明显的偏好。政府职能重在推动主导产业，这势必会在社会上带来一些问题；政府部门个别官员的不当行为，也导致了一些企业家在意识和行为上产生扭曲。

厉以宁指出，企业家们必须把希望寄托在技术的创新、组织管理的创新、经营思想的创新上。但现实是，离开了适宜的宏观经济环境，这些创新所能取得的成绩是有限的。历史上的中国，是一个只有从属于封建经济的商业、而没有一种适宜于商业发展的市场竞争机制的国家，是一个只有官商和地位卑下的商人、而不可能产生在经济活动中从事创新活动的企业家的国家。这就是历史留给现代中国一份沉重的负资产。1979 年以前，在传统僵化的经济体制之下，中国只有"企业官僚"，而没有具备竞争意识、效益意识和风险意识的企业家。1979 年以后，情况发生了很大的变化。随着经济体制改革的进展，企业的地位和作用都与过去有较大的不同，企业同市场的关系日益密切起来。特别是一大批乡镇企业的兴起，为企业家的成长创造了有利条件。中国社会主义经济中开始涌现出一些真正意义上的企业家，他们主要来自受束缚较少的乡镇企业、民办企业，其中有些人本身就是农民。在乡镇企业中成长锻炼起来的农民企业家，有的企业家直接参与现代农业发展，有的成为现代农业的投资者。

农业企业需要成为技术创新的主体，才能提高竞争力，带动更多农民致富；需要与科研机构、院校建立合作关系。鼓励农民创业，鼓励农业企业技术创新成为现代农业发展的趋势。

目前农村的普遍状况是，有文化、会办事的青壮年大多外出打工办厂，留在村里都是妇幼老人，造成村两委班子战斗力不强。另一方面，农村本身缺乏优厚条件吸引优秀人才，真正在基层一步步干出来的优秀干部，往往待不长，不是被上级部门调走，就是自己跳槽。所以农村穷，穷的原因不仅仅是缺少资金、项目，更是缺少会办事的人才。

农业企业要成为新技术、新产品研究开发的机构主体。因为农业新技术、新产品只有通过企业开发出来，其成果才能最快形成现实生产力。这方面要特别发挥优秀企业在从事新产品、新技术的研究方面的龙头作用。通过请专家培训，部分员工进一步深造，与外国专家接触，引进先进适用设备，这样才能改变农业产业层次低、农产品附加值少的现状。而目前我国在农业企业研发新产品、新技术方面还是弱项。

人际传播网络扩大，交往对象异质性逐步增强是我们对苏南地区农村农民调查的总体认识。传统农业以小生产为特征，规模小、商品率低、技术含量少，主要依靠资源和人力的投入。传统农业生产以家庭为单位，农民聚居在一个村落，人际交往对象主要局限于本村本镇，封闭性很强。血缘、姻缘、地缘等先赋性社会关系占据农民交往圈子的核心。传统农业生产强调人力投入，土地代代相传，家庭内部均分，技术传承主要通过代际间传播。农民主要和与自己社会经济、文化水平接近的人交往，人际社会传播网络中的成员同质性很强。费孝通（2007）曾指出：不流动是乡土社会的特性之一，而"土气"正是因为不流动而发生的。

现代农业是以资本高投入为基础，以工业化生产手段和先进科学技术为支撑，有社会化的服务体系相配套，用科学的经营理念来管理的农业生产和流通形态。调查中发现现代农业促使农民流动性增强，人际交往圈子扩大，异质性逐步增强，主要体现在下述两个方面：一是当地农民因为生产经营的需要主动"走出去""请进来"，或寻找技术、或开拓市场；二是外地流动农民到苏南地区农村租借土地从事农业生产经营。

苏南地区农民的市场经济意识较为突出，在多年的市场经济闯荡中，已积累了较为丰厚的资本实力和经营管理经验。农民企业家在农业政策、技术、市场信息传播中的作用凸现，进一步提高农民企业家群体的信息素养和应用技能是农业产业化发展的必然要求。

从现代农业发展的趋势来看，经济体制转型条件下农民企业家在经济活动中的创新作用越来越突出，而其主导的传播活动在农民企业家培育成长及其从事的经济活动中占有重要地位。从传播学视角看，塑造和培育农民企业家，发挥其在农业科技创新活动中的信息沟通作用，对于解决农业产业化问题、促进广大农民发展和建设社会主义新农村具有极其重要的现实意义。

王金和作为村支书，其社区管理者角色具有与外界沟通的便利，从而有助于构建稳定的社会关系网络，这一社会网络发挥了降低交易成本、增加本土农业企业竞争力的作用。例如，每年春季采茶高峰期，熟练的采茶农民供不应求。王金和日常编织的社会关系网络，可以雇佣到本地和周边地区熟练的采茶农民，既保证了茶叶原料的品质，又有效控制了人工成本。

以江苏吟春碧芽股份有限公司发展为例，有了技术人才的支撑，所产茶叶的品质有了极大提升，仅氨基酸一项指标就高出同类茶叶 20%。一个涉足茶叶行业不足 10 年的村级企业，居然在全国性的名茶比赛上一路"摘金夺银"，还成立了国内唯一的茶叶院士工作站，后又有项目列入了国家 863 计划中唯一的国家农业科研课题。目前，农业科技创新的号角已经吹响，人们期望有更多的农民加入科技创新的行列，政府应给予资金和技术的扶持，鼓励更多有条件的农民，尤其是农业企业及其合作组织开展农业科技创新活动，带动更多农民科技致富。

目前吟春碧芽股份有限公司拥有茶园 4 800 亩,辐射周边丹北丘陵山区 1.2万亩，带动农户 3 600 户。公司通过了国际质量和国际环境管理体系、无公害食品、绿色食品、有机食品等项资格认证，成为江苏省首家获得行业 QS食品安全生产许可证的企业，创下了江苏省农业企业诸多第一。

2006 年，迈春茶场被列入江苏省丘陵农业综合开发项目，政府财政投入135 万元，带动社会资本投资近 500 万元，建成 1 000 亩"吟春碧芽"核心生产基地。2009 年该茶场即将实施"吟春碧芽"第二核心基地建设，建设规模2 000 亩，总投资 1 200 万元，其中财政投入 240 万元。该项目实行财政投入"先建后补"模式，积极引入社会资本进入农业综合开发领域，充分发挥财政投入的带动作用。通过土地流转，他们把"吟春碧芽"核心区扩增到 3 个，面积由 1 200 亩扩大到 8 000 多亩，带动核心区周边 3 个镇、6 个村，建设成为集茶叶种植、加工销售、科研、茶文化、观光休闲于一体的现代农业企业。

迈村茶场向着规范化管理和规模化经营的方向迅速迈进，先后培养获农业部认证的高级品茶师、高级茶艺师以及制茶师、农艺师 26 人，提高了茶农的农业技术水平。2008 年年底，吟春碧芽股份有限公司通过商务部中国茶叶流通协会组织的百强企业评比，位列全国第 57 位，取得了江苏省第一批现代农业技术园和第一批农业技术型企业资格，在商务部中国茶叶流通协会组织的企业资信等级评比中被评为 AA 级企业。

第三节　模式演变：从行政指令到"跨界合作"

一、市场经济冲击行政力量主导下的单一模式

地方政府对农业科技传播普遍重视，但有些地方急功近利，期望农业技术为地方增收带来立竿见影的效果。于是地方决策者搞"一刀切"，采用各种政策和手段短时间内集中推广特定农业项目，甚至不惜毁坏现有农作物，导致农业生产一哄而上。特别是乡镇政府在农业科技推广中有追求规模的冲动，动辄对外宣传建成省内、全国乃至亚洲规模最大的种植或养殖基地。这种做法带来两大风险：

第一，农户承担巨大的市场风险。在市场需求旺盛时，地方政府采用行政手段阻止外地商贩到本地收购紧俏农产品，由本地加工销售企业垄断经营；当市场需求发生逆转，农产品不耐保存，亟待大企业收购储藏，这时本地现有农产品加工产业链技术尚薄弱，难以帮助广大农户承受市场风险，最终导致农民利益受损。因此，一些地方甚至出现政府推广种什么，农民不敢种什么的怪现象。我们在南京溧水白马镇调研时亲眼目睹了当地农民种成的黑莓由于欧美市场需求下降腐烂在田间地头的景象，令人痛心不已。白马镇被誉为"中国黑莓之乡"，黑莓主要供应欧美市场，颇受欢迎。但由于受到欧美金融危机冲击，黑莓市场需求急剧下降，农民措手不及，经济损失很大。

第二，当地可能面临严重的生态风险。盲目扩大单一种植品种，会打破生物多样性的平衡，带来意想不到的生态灾害。我们在盐城滨海县调研时发现当地政府若干年前广泛推广种植意杨林，尽管这种经济型林木为农民带来一定经济效益，但是大面积推广种植经济型林木，单一林木品种导致罕见的

病虫害，给当地生产生活造成不少危害。

　　盲目追求农业高新技术传播的明星效应也是地方政府提高政绩的一种表现。近年来，各地纷纷投资建设农业高新技术园区，引进国外新奇农业品种，媒体也跟进报道，引起人们好奇和关注。在喧哗热闹的背后，逐渐暴露出农业高新技术园区的负面影响。第一，农业高新园区在规划建设、运营维护等方面往往由当地政府部门负责，重形象轻实效，引进品种对周边农户起不到引领示范作用。第二，个别所谓农业高新技术企业习惯"吃小灶"，企业负责人跑政府比跑市场还勤快。这些年，国家加大农业科研、推广经费投入，提倡适度规模经营。可是，少数地方政府扶持本地农业龙头企业心切，在资金、税收、土地等方面给个别农业企业"开小灶"。加之各级科技、农业管理部门资助项目未联网，难以避免重复立项。这就造成个别农业企业养成了对政府的依赖心理，重视跑项目争资金，轻视技术消化和市场需求。我们在南京溧水调研时走访一些所谓农业产业化龙头企业，办公楼豪华气派，一进门墙上挂满企业负责人和各级领导的合影照片。企业负责人津津乐道的是某某领导来考察调研，农业企业俨然成为领导调研接待的定点单位，其本应具有的农业科技传播效果难以体现。

　　计划经济时期建立的农业科研推广体制在逐步调整，包括线断、网破、人散"七站八所"，现多数重组为乡镇农业技术推广中心，承担着保证大宗农作物科研的公益职能，引入市场机制促进农业产业面向市场，与科研单位密切联系，多层次地应用农业产加销技术。当然目前科研单位人员以生产技术为主，加工营销环节薄弱。未来农产品国内国际贸易越来越大，农产品质量监管凸显国家公共服务职能，对于农业企业依靠技术、管理，求生存、谋发展起到推动作用。通过对美国、日本、韩国等国家的历史分析可以发现，由于本国农业资源和农业文化的差异，不同国家政府对农业科技传播的影响方式相应存在差异。中国农业科技传播的突出问题是农业技术成果转化率低。从1978年开始，中国政府从计划经济体制向市场经济体制转型，传统的以行政手段推广农业技术的方式正在变革之中。

十六届五中全会确定自主创新政策，农业科研机构改革起步。例如中国农业科学院下属单位的体制改革，其中茶叶研究所改制为科技型企业，被推向农业技术市场，上文提到的迈村茶场与茶叶研究所的技术合作就是在此背景下展开的。十七届三中全会关于土地自愿依法有偿流转，对于农业规模化经营、农业企业发展具有重要意义。在市场经济条件下，技术创新的主体将是农业企业，而企业决策的核心是农民企业家，企业家的传播交往对于企业发展至关重要。科技传播在发展现代农业中至关重要，已成为共识。

理论和实践表明，农业科技传播绝不是一个简单的传播效果和受众研究问题。农业科技传播涉及人的主体性和能动性，涉及相关主体之间的交往与互动，涉及相关主体行动所处的组织和制度环境。归根到底，农业科技传播嵌入在经济和社会结构中，不揭示经济和社会结构，就难以深刻理解和把握传播活动的本质和规律。在《中国的村级组织与村庄治理》序言中，何梦笔提醒："在现代化过程中，人们还产生一种观念，认为必须把农村人口当作那些旨在实现经济与社会变迁的政治措施的客体，而绝非主体"（冯兴元，2009）。如何在农业科技传播中消除地方政府和农业供给方的独断，建立对话和交流的机制，让农民成为科技传播的参与者已刻不容缓。

本书认为，我国政府在农业科技传播中的职能变革包括以下方面：中央政府应当建立一套合理的基本制度框架以促进农业科技传播的有效运行。制度创新包括调整农业技术推广系统、农业高校院所的体制改革、发展和完善农民合作组织等。地方政府应当建立促进农民参与农业科技传播决策的机制，尊重农民意愿，不能再以行政手段强行推广农业技术。帮助农民建立与市场、农业科研单位的有效联系。丹阳市政府为本地农业企业做了大量的工作，搭建了农业技术成果交易洽谈平台，促进了科研院所、高等院校的专家和企业对接，对区域经济发展意义重大。

市场机制下，农业创新机制的转变，应当包括农业科研单位的转型改制。

在我国经济转轨的过程中，以科研院所、大专院校为主的"科学推动模式"正朝着企业作为创新微观主体的"需求拉动模式"转变。随着农业企业的发展壮大，以需求为核心的农业技术创新模式成为主流，这里的需求包括国家战略（例如粮食安全战略），企业传递的市场需求，安全、高质量的农产品需求，等等。在宏观政策环境的影响下，农业技术将迎来以农业企业为主、产学研协调有效地全面深入交流的局面，内生技术创新正在改变单向线性传播模式，向理性互动模式发展。

自生自发的合作秩序，旨在避免政府对经济活动的干预。在市场经济发展过程中，科技传播活动离不开社会关系的重构。这一重构过程，一方面需要制度性的调整和维护；另一方面，农民在关系构建方面的能动性并非等同于完全理性，而是在社会关系与经济活动的开展过程中不断调整。这种社会交往和经济活动伴随着不确定性，是开放的系统。

市场经济造就了一批从乡村走出来的能人。也正因为乡村的一些能人离土离乡外出发展，造成了村级经济发展领头羊式人才的流失，群龙无强首，制约了村级经济的发展。上述案例中云阳镇党委政府觉察到了"三农"建设中存在的这一问题，推出了一项旨在加强村级领导班子建设、吸引能人回村任职开拓局面、率众致富的政策措施。创新的扩散中的很多研究多以过程的线性模型为基础，传播是指信息从信息源传递到接受者的过程，这一过程被视为前后相继的多阶段，即大众传播的告知和人际传播的说服两个阶段。这种单向的人际沟通准确地描述了一些沟通过程。但是，在该村的农业科技信息传播过程中，当地农业企业家起到了关键作用，构建了农业科研院所和当地农民科技传播的"桥梁"。

二、破解传播中主体间合作难题需引入新思路

尽管农业技术的线性传播模式在历史上发挥了重要作用，促进了我国农

业技术的扩散。但同样必须认识到，在经济体制转型的背景下这种线性传播模式已经不适应市场的发展和农民的需求。政府和技术供给方对技术的话语霸权与农民主体性的缺失叠合在一起，造成了农业科技传播面对的现实困境。如何消除地方政府和农业供给方的独断，建立对话和交流的机制，让农民成为科技传播的参与者已刻不容缓。

我国的农业技术推广体系属于政府主导的模式，具有自上而下线性单向传播的特征。计划经济时期，农业科技传播的政治目的很强，主要是通过城乡分割治理达到以农补工、工业优先发展的战略目标。我国农业技术推广体系是一个与行政体系相匹配的四级网络。当这个体系被设计时，行政的考虑比技术的考虑更为重要。农民没有对农业技术的选择权力，技术供给者与农民之间是命令与接受的关系，这种关系导致农民缺乏能动性，只能消极对待。在计划经济中，技术只是中央机构达到某种政策目标的工具；而在市场经济中，技术是个体实现目标的必不可少的手段。农民对技术的自主选择基于一个良性运转的系统，而非少数领导个人或行政精英的选择和决策。我国过去长期依靠行政手段一元化推进农业科技传播，导致农民缺乏自主性，工业和城市优先发展的战略、城乡分割的制度刚性对农民自主性产生抑制作用，农民普遍缺乏市场意识和信息意识。政府、技术专家具有政治权威和技术权威，垄断着技术的选择、评价、推广活动，农民被排除在技术选择的过程之外。

农业本身是弱质产业，面临市场和自然灾害双重风险，对农业生产经营者提出了更高的要求。生产经营中亟待加强的市场意识和信息意识，只有经过长期的培养才能形成。我们在各地调研中发现不少地区的农民由于生产生活具有天然的地域限制，农户之间小范围的交流成为农民技术选择的"参照系"，因此造成农民技术选择的局限性，难以了解更新、更多的农业新技术。由于市场意识和信息意识的严重缺乏，给农业科技传播的顺利开展带来负面效应，这样的案例有很多。在这里，我们更愿意展现农民主动性的萌生过程，从而论证农民绝非天然缺乏市场意识、信息意识。只要外界提供适当的引导和推力，这种被压抑的自主性、能动性就可以充分体现出来。例如通过跨地域联系，往往能够开阔农民视野，激发农民选择采纳新技术的积极性，摆脱因循守旧的传统心理束缚。

在创新的扩散研究中，基本"S"形扩散模型一般以采用创新的农民数或总体扩散率，即已采用农户占全部潜在采用农户的比例作为扩散过程的描述变量，假定扩散环境的不变性。技术扩散的方向是采纳率逐渐趋于饱和，扩散总量可线性叠加。这是建立在市场对农产品的无限量需求基础上的，在上述假设条件下，技术扩散的目标就是劝服潜在采纳者知晓农业新技术、采纳新技术，尽量提高农户采纳比率。这在某些产品新上市时是成立的，例如电话、电视等消费品的扩散普及。市场营销中应用创新的扩散的研究范式有大量案例。但是，农产品市场需求的特点与上述一般消费品不同。

农产品的市场需求弹性较小，同时由于农产品生产周期较长，难以在短时间内迅速增加产量。因此，在农产品供给和需求缺乏弹性的条件下，农产品数量一旦超过需求数量，即使农产品价格大幅下跌也不会相应提高消费需求；如果缺乏储存设备，农产品保存将面临困难，结果易造成"谷贱伤农"的现象。另一方面，如果农产品数量一旦低于需求数量，农产品需求的刚性又会导致农产品价格大幅上涨。这时再增加产量已来不及。实际上，农民在决定农产品生产品种和数量时，只能根据上一年度农产品价格数据作出预先判断。通常上一年价格高的农产品，今年会增加投入扩大种养殖规模，结果很可能导致明年该农产品供大于求，价格下跌。反之，上一年某农产品价格低，则今年减少投入或换为不同品种，结果有可能导致第二年该农产品供不应求，价格上涨。这种市场变动情况，在经济学上被称作"蛛网模型"。以下以养猪农户遭遇的"猪周期"为例考察农业科技传播中的市场风险。

作为我国主要农产品之一的猪肉，近年来价格波动大，具有典型的"蛛网模型"特征。"猪周期"时间越来越短，猪市起伏涨落幅度越来越大。在有些农民看来，养猪就像炒股赌博，格外让人心惊肉跳。养猪盈利风险大为增加，不少传统养猪散户选择了退出。好瑞养殖公司是四川绵竹最大的养殖场之一，目前生猪存栏量达 3 000 多头。董事长吉昌富介绍，去年价格处于高位时，除去猪饲料、人工、水电等成本，每头能有约 300 元的利润，但今年每头只有不到百元利润。"要是降到 7 元一斤，就面临亏损了。"生猪 7 元一斤是保底价。若跌破 7 元，年前以 9.3 元一斤买进的猪仔就要亏本。还要继续跌多少、跌多久，他心里没有底。按照以往经验，到 5 月份价格会回升。他分析，现在的价格是周期性下跌，年后至 4 月前，一般家里都储备有腊肉，鲜肉需求量小。但他也不能确定这就是关键原因，"肉价和经济形势也很有关系吧，现在很多工地都还没开工，没开伙食，或许也是导致需求少的原因之一。"近些年，养猪行业总结出三年一轮回的"猪周期"规律，猪市形成"猪肉供给不足→猪价上涨→养殖规模扩大→供给过剩→猪价下跌→养殖规模缩减→供给不足"的循环。但"猪周期"时间越来越短，波动幅度越来越大。周期规律不时地出现例外，让养猪户措手不及。

吉昌富也深感近年来猪肉价格波动越来越明显，常出现大起大落的情况。对此他深感无奈。盈利时要养，亏本时也要养，毕竟投入大，还有 500 多头种猪，难以轻易撤出，只能在价格周期波动中期待盈利。"赌赢的时候还是占多数。"每年年中 7、8 月和冬至前后要赌两次价格，另一位养猪大户张学辉将自己能在这个行业十年屹立不倒，归因于善于总结、搜集信息。为监测价格走向，张学辉养成了关注央视财经新闻的习惯。不只观察周围市场情况，还要关注全国市场，及时嗅到全国猪市价格走向，作出市场判断。现在，他越来越感到自己的经验、信息难以对抗市场变动风险。他了解到，目前不少上市公司也加入了养猪队伍，不只是国内市场，国际市场价格走向、国际经济形势也与自己息息相关。2010 年以前，散养户比重大，常出现市场跟风现象，对市场影响大，导致价格起落明显。2010 年以后，抗风险能力差的散户陆续退出，也对市场波动产生了较大影响。散户养殖若继续在市场中被淘汰，专业化、规模化的养殖成为趋势，这将有助于稳定市场。

从上述猪肉价格市场波动大可以看到，农民不得不面对高风险的农产品市场环境。在这一外部条件制约下，农民在采纳技术创新时会有很多顾虑。例如优质猪品种的引进更新、优质饲料的采用等都需要增加投入，但是，由于市场环境变化多端，一旦价格暴跌，农民投入越多，损失越大。在规避风险的心态下农民只能采取保守态度，放弃或延缓对新技术的采纳。农产品市场需求对农业技术采纳的影响一直是困扰世界农业的难题之一。美国杂交玉米种子推广时面临的制约因素之一就是当时农产品需求减少，农产品价格有所下降，影响了农户采纳杂交玉米提高产量的积极性。再后来，美国农产品产量达到一定数量后，超过市场需求，价格下降，政府不得不提供农业补贴，同时鼓励农民休耕休种，减少农产品产量。这一时期，技术推广研究案例明显下降。农业技术线性传播模式往往只关注农业技术的大面积扩散，而对农业技术传播中蕴含的市场风险估计不足。

访谈中遇到过难以走出"技术锁定"限制的农户。农户是理性的"经济人"，其经营决策会受到经济机会的诱导和制度环境、技术条件等诸多因素的制约。我国农户经营专业化程度偏低恰恰是农户在约束条件下的理性选择。新制度经济学用"路径依赖"解释低效率的制度为什么会持续存在并且被锁定在恶性循环的状态中。人们过去作出的选择决定了他现在选择的可能。农民采纳农业技术时也存在明显的"路径依赖"特征。

由于我国人多地少的土地资源特征，农户耕地面积少，农产品商品率低，资金积累少。因此，农户往往倾向于选择投资少、节省土地、见效快的农业技术。笔者在南京溧水调研中发现，当地农民普遍种植天竺。前些年，天竺价格较高，农户们纷纷在自家门前院后种植。每到收获季节，有人到村里收购天竺。这几年天竺价格下降，该村农户纷纷抱怨种植天竺赚钱越来越少，但是他们仍然继续种植。这个村的村长自己从事运输和餐饮行业，对农户们的种植养殖品种和技术基本不关心。村民们多数是年纪大的中老年人或小孩子。天竺种植对分散的、资金有限的农户来说具有吸引力，尽管天竺价格下降，但该村农户和外界交往很少，仍然难以选择新的农业技术。要想从根本上改变这种状况，应当逐步推进土地集约化经营，改善农民土地分散琐碎的不利条件，为技术选择提供更多的空间。只有这样，农民在技术选择中才能走出"路径依赖"的恶性循环。要打破既有的农户经营非专业化的均衡陷阱，摆脱目前的农业生产经营的路径依赖，需要农村金融体制、农产品流通体制、家庭承包制等方面的综合配套改革。

三、产学研"跨界合作"利于提升传播效能

一段时间以来，产学研协同创新成为"热词"，频频见于报端媒体。全国各地在产学研协同创新、农科教三主体相结合的机制创新方面不乏有益的理论探讨与积极的实践探索。以上述江苏省的农业龙头企业吟春碧芽股份有限公司产学研动态互动的实践看，农业产学研三主体的协同创新，需抓住三个关键节点。

众所周知，产学研协同创新是指企业、大学、科研院所（研究机构）三个基本主体投入各自的优势资源和能力，在政府、科技服务中介机构、金融机构等相关主体的协同支持下，共同进行技术开发的创新活动。与其他行业有明显差别的是，产学研合作初期，农业企业自身科技含量有限，人才资源匮乏，对农业高新技术吸收能力差，与农业科研机构的技术落差过大。这时的工作重心应当放在通过各种教育培训方式提升农民专业技术技能，为产学研合作打下基础。

吟春碧芽股份有限公司在 2003 年公司创办之初只是一家村办茶厂，中国农业科学院茶叶研究所从来没有和一个村级单位直接打过交道。没有一个专家教授愿意为一个农民门外汉"扫盲"。于是村支书王金和将村里高中水平的村民送到大学、科研机构学习种植技术，学习品牌营销，学习农业机械，学习茶叶新品种的培育、精加工。通过密集的技术培训，培养出了人才，这家

企业拉开了与同类企业的距离，确立了企业发展壮大的基础。

产学研合作起步后，农业企业应当不失时机地引进高层次人才，给予优厚待遇。陈宗懋院士是全国各大茶场争相聘请的权威，但是却与王金和一见如故，尤其赞赏他用工业理念来进行茶叶标准化、绿色化、品牌化生产的做法。陈宗懋放弃了其他茶场的高薪聘请，欣然做起了吟春碧芽股份有限公司茶叶品牌"吟春碧芽"的技术"掌门人"。公司也成立了江苏省技术厅第一批企业院士工作站。人才有了用武之地，企业有了发展的动力。

产学研合作进一步上台阶。把"生产型企业"做成"科研性机构"，从市场的参与者做成行业的领跑者，是王金和的一个梦想。这个梦想，在 2012 年新春伊始实现了。由公司申报的"智能绿色农业机械的研究和开发"被国家列入了 863 计划中唯一的国家农业科研课题，公司组织 35 位专家教授共同攻关，中央财政给予了 1 052 万元项目款的支持。不到十年的时间，这家村级企业成为一家集科研、种植、加工、贸易、培训和示范带动于一体的股份制公司，净资产 5 600 万元，公司茶场 5 800 亩，辐射周边丹北丘陵山区 1.2 万亩，带动农户 3 600 户。

很显然，吟春碧芽股份有限公司只是产学研协同创新的一个例子，但是却给现代农业发展之路以诸多启示。农业是国民经济的基础。解决"三农"问题的一项根本措施，就是要大力提高农业科技水平，加大先进适用技术的推广力度，提高农业综合生产能力，加快建设现代农业的步伐。2012 年 7 月，全国科技创新大会上明确指出：要着力提高科研院所和高校服务于经济社会发展的能力；要着力推动创新体系协调发展；要支持和鼓励探索多种形式的协同创新模式。但是，产学研合作的层次不高、合作的深度不够、合作的资金不足、合作的动力不够、产学研脱节现象仍然不同程度地存在，并影响着现代农业产学研协同创新的"大步推进"，甚至在一些地方找不到协同创新的"突破口"，"只听楼梯响，就是不见人下来"。

我国作为自然资源匮乏的国家，农业现代化必须依靠创新科技，走可持续发展道路。中央近年来多个一号文件，反复提出和强调农业科技创新机制。整合各类科技人才资源，聚集高端人力资源，努力提升我国农业高科技竞争力成为当务之急。一些问题显然存在，比如，产学研三方都有各自的政府主管部门，这些职能部门都希望推进产学研合作，但又都希望保护各自基层单位的利益，部门、科研机构间条块分割依然存在，缺乏统一协调。再比如，在产学研协同创新的过程中，多数企业普遍会遇到资金不足的问题，能否有风险投资顺利介入科技成果的研究开发、中试、商品化和产业化活动，是产学研协同创新能否成功的难点。

协同创新需要科研院所、高校主动向企业靠拢，需要提高技术中介"牵线搭桥"的能力，需要建立创新人才自由流动和灵活使用的机制。应该说，在纷繁的理论面前，需要更多的实践分享与节点突破。唯其如此，产学研协同创新才不会仅仅停留在"求同"的层面，现代农业的必由之路更需要解决一个又一个的节点问题。

为了推进农业现代化，中央在农业税、种粮补贴、农村社保、公共设施建设等农业和农村发展政策上，给予了高度重视。出台了转移支付性质的、扶农惠农的各项政策。农村的根本出路在于现代化，根本依托在于农民的积极性与聪明才智。激发农民创造活力，是新时期加快农业发展方式转型、推进农业现代化发展的原动力。关键是要把农民自身的积极性和创造性激发出来、调动起来，建构农业发展的内生机制，引导农民积极参与农业现代化建设。激发农民创造活力，当前应当积极引导有文化、有技能的青壮年农民回乡创业，促进技术、人才、资金、土地等生产要素向现代农业领域流动聚集，满足农民的创业需求。

中央非常重视改善农村人居环境，为营造农村良好的创业氛围奠定了基础。近些年来，有些地区，有文化、有技能的青壮年都进城务工或经商了，留在农村的多是老人和孩子等"剩余劳动力"，以致本来稀缺的耕地有些撂荒，水利建设、生态建设与乡村道路建设都没有人负责。所以，现在必须真正统筹城乡发展，引导和依靠有文化的青壮年农民安心回到家乡，热情投身于社会主义新农村建设。调研中发现不少创业农民有外出打工、运输商贸的经历，为回乡创业积累了与市场打交道的经验。

采取激励扶持政策，促进技术、资金、土地等生产要素向农业领域流动。与传统农业相比，现代农业是以资本高投入为基础，以工业化生产手段和先进科学技术为支撑，适度规模化经营的产业形态。越是具有企业家精神的创业农民，其对技术、人才、资金、土地要素的渴求就越强烈。而技术的创新、市场的开拓，可以给资金和人才带来更多的收益，从而形成良性循环。在农业经营适度规模化的发展中，苏南地区涌现出一批现代农业企业。农民的市场意识和经营观念明显增强。能动性体现在新型农民主动出击，与农业科研机构建立联系；在掌握一定技术的基础上，他们或强化、或拓展与农业科研机构的技术交流。有的农业企业发展壮大后设立院士工作站，重金聘请博士加盟企业，进一步加强与科研人员的沟通，提升农业生产经营综合实力。

初期投资大、投资专用性高往往成为农民尝试生态高效农业的"拦路虎"。推进农业金融改革，方便农户生产性贷款是落后地区摆脱"技术锁定"效应的重要前提和保证。农民和农村小企业的钱存在银行；而贷款时，由于农民和小企业都没有足够的抵押资产而贷不到款，这样的金融环节也制约了新农村建设。滨海县是江苏省级贫困县，该县产业主要以农业为主，农户平均土地面积少，普遍缺乏发展资金。滨海县蔬菜产销协会组织部分会员、村干部、贫困户代表近百人赴淮安、赣榆、山东寿光等地参观学习蔬菜无土穴盘基质育苗、设施蔬菜和出口蔬菜种植技术等方面的经验。该协会从产业化建设入手，通过典型示范、政策引导、资金扶持，发展到现在的大户承包、协会联销的路子，以企业为龙头，创立了品牌，产品畅销上海、南京等各大中城市。

第三章 浙江：新农人"嵌入式整合" 农业科技传播体系

科技是发展现代农业的基础和保障，科技创新是源头，科技只有转化为现实生产力才能推动农业转型升级。新中国成立后，我国逐步建立了较为完善的农业技术传播体系，为我国农业发展作出了重要贡献。不过，我国虽然取得了丰硕的科技成果，但就科技成果转化率和贡献率而言，与发达国家相比仍存在不小的差距（谭英等，2015）。我国农业科技发展面临的资源与市场双重制约以及推进现代农业建设的科技需求，也暴露出基层农业技术推广过程中不适应新形势的情况和问题（王胜祥，2001）。比如行政主导的农业技术推广体系效率低下，部分地区组织体系出现"线断、网破、人散、低效"的局面（倪锦丽，2013），投入不足制约公益性农业技术推广成效，科技成果与生产需求错位影响转化率，农民科技素质不足影响推广效果，等等。归结为一点就是未能解决好打通"最后一公里"的问题。农技推广体系如何与乡土社会有效对接，这是克服农业技术传播"最后一公里"难题的关键（陈辉等，2016）。

为了应对这一问题，我国始终在努力推动和建立现代农业技术推广体系。近年来的中央一号文件都把农业科技推广放在突出的位置加以强调。2016年，中央一号文件指出"健全适应现代农业发展要求的农业科技推广体系，对基层农技推广公益性与经营性服务机构提供精准支持，引导高等学校、科研院所开展农技服务。推行科技特派员制度，鼓励支持科技特派员深入一线创新创业。发挥农村专业技术协会的作用。鼓励发展农业高新技术企业。深化国家现代农业示范区、国家农业科技园区建设"。可见，探索建立多元主体参与格局是我国农业科技推广体系的重要任务。随着互联网的不断发展，涌现出了一个新型农业群体——新农人，他们正在成为现代农业转型的先驱。本章将以浙江新农人案例为中心，考察其对农业科技传播体系的影响，并以此为基础，结合在全国多地开展的新农人调研，提出以新农人为中心的"嵌入式"整合农业科技传播体系存在的问题及其对策。

第一节　新农人——现代农业背景下的
新型农业经营主体

中国社会科学院信息化研究中心主任汪向东认为，新农人已经成为现今条件下"三农"领域里一个非常重要的新生主力军。新农人可以用三个"新"来定义：第一，农民新群体，这个群体以农为业；第二，农业新业态，他们不再延续传统做法，而是采用新的生产和经营方式；第三，农村新细胞，这个群体主要在农村活动，从而构成当今情况下农村生命机体的新细胞，这个细胞原来没有（汪向东，2014）。新农人是相对传统农民而言的。新农人指那些跨界进入农业，通过承包或者其他方式获得土地使用权，在此基础上进行农业种植、养殖、深加工、流通等各个环节业务的新型农民群体。他们注重利用科学技术，以团队合作进行农业生产和经营。他们普遍具有较高文化水平，部分拥有研究生学历，部分新农人还从事过农业技术研发或管理。由此可知，新农人的"新"主要体现在技术、理念、经营、管理等多个方面。

一、互联网催生新农人

互联网发展和新返乡运动的兴起催生了新型农业职业群体——新农人的形成。互联网对于新农人的意义在于为新农人提供了生产、销售、管理的新手段。尤其是通过互联网建立的销售网络，可以使得即使身处乡村的新农人依然可以凭借互联网同城市消费者建立密切的联系。有些新农人更是把先进的科技运用到生产和管理上，大大节约了成本，提高了效率。对另外一些新农人而言，互联网成为了他们建立"自组织"的平台，新农人较传统农民更喜欢"抱团"，他们会通过"建群"或者举办沙龙的方式进行各类交流和合作。本书所研究的浙江地区，一位临安的新农人就建立了一个叫"新农堂"的微信公众号，这个公众号搭建了新农人线上交流的平台，经常发布新农业信息，并且举办线下交流活动。互联网生存已经成为多数新农人的生产经营以及生活方式。

ZC 曾是一名供职于北京某 IT 公司的技术人员，擅长互联网技术和运营之道的他改变了自己志向。2013 年他拉了几个同伴毅然投身到农业中。他说："我出生在农村，在大城市工作多年后家乡逐渐淡出了我的记忆。但是公司组织的一次扶贫公益活动唤起了我对农村的情感，所以我很快辞职回到家乡，希望通过互联网改造农业，改变家乡。"他经过多方调研后决定种植百合，而且要为家乡树立百合品牌。他以互联网为平台建构公司团队，并且制定了新媒体营销模式。ZC 表示，"在农业迎来变革的时代，传统的大和强不一定是绝对优势。农业缺的不是资本，而是更有效的项目经营。这和互联网精神相通，要深刻理解市场和客户，借力外部资源。"经过努力，他的百亩百合园建成。他利用微博、微信等社交媒体以及 B2B 营销平台，跨过中间环节直接面向客户建立营销渠道。2015 年，随着 ZC 的百合产业越做越大，他更加重视通过互联网进行营销。他开始在京东和天猫商城开设网店。据 ZC 介绍，网上的销售份额已经接近 30%，而且正在策划通过众筹的方式销售新一季的百合。他说"互联网不只是渠道和工具，更是一种创造的精神和创新的力量"。全国范围内，像 ZC 这样对农业充满激情，通过互联网改造传统农业的新农人还有很多。

当然，互联网是新农人产生的重要背景，但却并非是他们的共同特征。浙江省农办副主任 SF 表示，新农人是做新农业的人，但不是所有的新农业都和互联网有关系，只要是做农业的方式有革命的变化，这种农业就是新农业。新农人同传统农民相对比较为显著的特征，就是新农人一般具有较高的科技文化素质。很多新农人在经营新农业之前就从事农业技术的研发或管理工作，因此熟悉农业技术。即使一些新农人之前并不从事农业相关行业，他们也较传统农民具备较好的文化素质。这些特质决定了他们在农业技术的接受和二次传播中均较传统农民具有优势。浙江调研中的 30 名新农人样本中，有 17 名具有大学本科及以上学历，其中有 9 名学习农业相关专业。

二、浙江省新农人群体的形成

从全国范围看，新农人大约兴起于 2012 年左右。随着互联网发展，新农人成为了人们关注的对象。但是浙江的新农人发展以及浙江省市政府对新农人的培育则可以追溯到 2007 年。从 2007 年、2008 年鄞州、慈溪政府的探索开始，到 2010 年省级层面出台政策，鼓励大学生务农，浙江率先探索通过引导，力图在"十二五"期间向农业领域输送万名大学生。为鼓励和支持大学毕业生从事现代农业，浙江省连续三次出台文件。其中 2010 年文件出台直补政策，吸引了 4 500 多人进入种养业（蒋文龙、朱海洋，2016）。据浙江省农业局不完全统计，目前，浙江省新农人数量已经超过了 20 多万名。他们从事水果、蔬菜、食用菌种植和畜禽、鱼、甲鱼养殖等多个行业。浙江新农人已经成为推动现代农业发展以及现代农业技术推广的重要群体。

2017 年 4 月浙江省根据《中共中央国务院关于深入推进农业供给侧结构性改革加快培育农业农村发展新动能的若干意见》（中发〔2017〕1 号），结合浙江省农业综合实际情况，为创新农业综合开发扶持模式，引导和支持农业创新人才创业发展，特制定了《浙江省财政厅关于创新农业综合开发扶持模式开展"3030"新农人行动计划的通知》（浙财农发〔2017〕7 号），文件要求按照"秉持浙江精神，干在实处、走在前列、勇立潮头"的新要求，坚持创新、协调、绿色、开放、共享的发展理念，创新农业综合开发资金投入和管理模式，加快转变工作理念，着力推进农业发展方式转变，力争解决当前农业中"人"这一核心竞争力不足的问题，增强创新动力，厚植发展优势，利用农业综合开发项目平台，发挥财政资金的导向和杠杆作用，培养新型职业农民，在培育农业创业创新人才方面做出有益尝试，积极探索今后现代农业谁来引领、谁来经营的问题。重点任务是以农业综合开发项目为载体，通过农业综合开发财政补助、基金投资等多种扶持方式，用 3 年左右时间，在全省培育 30 名 30 岁左右，有志向、懂技术、会经营、敢闯敢干的农业创业创新领军人才，为现代农业提供中坚力量，引领农业可持续发展（即"3030"新农人行动计划）。

其中扶持对象必须符合以下条件：① 热爱农业，富有创业激情；② 大学专科以上专业学历，30 岁左右；③ 具备 3 年以上涉农工作经历和管理经验，具备相应的专业知识，从事领域具有一定的创新性；④ 已创办农业组织（农业科研院所、涉农企业、农民合作组织、家庭农场、农业社会化服务组织、互联网+农业组织等），为独立创办人或大股东、主要负责人，农业组织年营收不低于 300 万元，其中涉农企业年营收一般不低于 1 000 万元。

2017 年 7 月，浙江省财政厅公布了首批支持新农人名单。从中也可以看出浙江省遴选新农人领军人物的一些标准：除 1 人是专科学历以外，其余全部是本科以上学历，其中 1 人是博士学位。他们从事农业新技术和新品种研发、引进、推广，探索现代生态循环农业种养新模式，研究对产业带动效应明显的农产品精深加工项目，对产业带动效应明显的"互联网+农业"企业和农业电商平台，现代农业信息采集、食品安全等技术社会化服务平台，以及有利于产业集聚发展的营销模式和品牌建设等领域。通过对新农人领军人物的选拔标准，可以看到浙江省对新农人在引领现代农业转型作用的重视。

本研究根据非随机抽样选取了 30 名浙江新农人作为样本展开重点研究，并且以全国其他地区新农人的调研资料进行对比研究。调查内容包括新农人的农业园区经营状况、新农人的农业科技传播网络（比如新农人如何与农业技术创新主体对接，如何与传统农民进行农业合作等）。

那么，当新型农业群体——新农人进入农村后，会对农业科技传播体系产生什么样的影响，这是本章要研究的问题。

新农人作为农业新型主体具有较强能动性，本研究视角是将新农人构建的行动者系统看作开放性网络，新农人构建的合作网络可以成为解决农业科技推广"最后一公里"的可行途径。新农人构建的行动者系统突破了"行政导向"，在农业实践中以各种行动重构农业科技传播主体之间的关系，凭借自身能动性连接了农业科技创新主体、推广主体、乡土专家以及传统农民，形成了行动者合作网络。新农人作为行动者网络的核心，具有"中介"特性，承担了现代农业科技的转译者角色，围绕新农业实践，现代技术与传统技术、科学理念与地方知识共同交融。新农人通过农场与各类主体之间建立协同关系，新农人协调了农业科技创新主体的技术供给、乡土专家的技术咨询、种植大户的协议合作、传统农民的具体操作等行动，使得农业科技传播相关主体围绕技术应用目标形成了整合。

第二节　嵌入：新农人连接农业科技传播相关主体

叶敬忠等人认为，我国农业科技推广工作存在两个突出问题：一是研究者与推广员之间关系不畅，许多新技术成果不能对接推广员；另一个是推广员与农户之间关系不畅，技术进村入户存在障碍（叶敬忠等，2004）。这本质上反映的是农业科技传播的"连接"问题。新农人构建的行动者系统实质上是在建构一种传播状态，通过信息传递、社会交往、意义共享建立一种关系（孙玮，2013）。新农人的农业实践连接了农业科技创新、推广、应用等多方主体，形成了新的关系网。当代著名历史学家约翰·R.麦克尼尔（John McNeill）和威廉·H.麦克尼尔（William H. McNeill）在撰写世界历史时使用了"人类之网"的概念，即"把人们彼此连接在一起的关系"（约翰·R.麦克尼尔、威廉·H.麦克尼尔，2011：1）。现代农业转型过程中，新农人作为能动性较强的农业新群体，通过嵌入农业各个环节将农业科技传播的相关主体连接在一起，形成开放性的网络化组织，构建了农业科技传播新途径。新农人出现在互联网蓬勃发展的时代，他们具备互联网思维。新农人自身的多重属性以及具有关系连接、社群创建的特性，决定了新农人较传统农民更善于构建各类关联。他们注重与技术创新主体建立连接，引进技术和良种、获得咨询；注重与乡土专家、种植大户、种植能手建立联系，获得指导。新农人与农业科技传播的相关主体搭建起了关系网，构建了开放的农业科技传播网络。

一、新农人更善于同农业科技创新主体合作

新农人较传统农民更善于同农业科技创新主体建立联系。由于新农人自身具备较高科学文化素质，部分新农人是农业技术或管理的科班出身，因此他们注重从高等院校、科研院所、农业龙头企业等机构引进农业技术。

当前农业科技传播体系仍以自上而下的公益推广模式为主，各级农业技术推广员以行政原则为主导，很少以"客户"为本，因此缺乏能动性和服务意识，这是行政化农业科技传播体系的逻辑使然。新农人具有较强能动性，

同时直接面向市场，因此在经营农场中注重拓展社会资源。调研发现，多数新农人在创办农场时对接了当地的农业技术推广站以及科研院所等机构。新农人是"跨界人群"，其他行业的从业经历为他们提供了技术、经营管理、社会网络等多方面资源。本研究中 30 名新农人有 18 名与高等院校、科研院所、农业技术推广站建立了联系。

BWS 是一名浙江丽水云和县的新农人。他毕业于浙江某农业院校，属科班出身。他看好云和湖的好水质，2007 年回到云和做起了养鳖生意。BWS 为了经营好业务还在浙江农民大学进修，而且还是 2016 年的优秀学员。在回乡创业的 10 年中，BWS 非常注重现代科学技术的使用，积极创新养殖模式，2008 年成立了生态养殖专业合作社，2009 年开始进行网箱养鳖试验，2010 年建设了生态鳖养殖基地。经过努力，他在专家学者的帮助下，自我探索创建了"上山下乡"的中华鳖"温室+池塘+水库网箱"三段式养殖模式，形成了一套先进的中华鳖生态养殖实用技术，把现代设施渔业技术与生态养殖方式结合起来，提高了中华鳖苗种培育的成活率和产品质量。由于他和技术团队的努力，这项技术还列入了 2010 年浙江省科技厅的计划项目，合作社也成为浙江省农业科技企业、浙江示范性渔业专业合作社，并且建成了省级渔业精品园。云和生态鳖养殖得益于科技推动，在发展过程中自身也成为了科技的创新主体。正是因为合作社自身具备了科技能力，使得合作社能够同其他农业科技主体展开合作。比如 2011 年，合作社同县政府特聘水产专家共同研究，将三段式养殖模式进行推广，将甲鱼放养到了一个与此前环境完全不同的村庄，开始了千米高山稻田养鳖试验。该养殖地也是浙江省海拔最高的甲鱼养殖基地。合作社与县政府委派的专家共同合作，对稻田改建、防逃设施建设、饲养管理、疾病防治、越冬等一个个生产环节，都进行了认真细致的研究，并制定出相关技术方案。

BWS 认为，"现在做农业必须依靠现代技术。但是现代技术日新月异，因此要多学习、多交流。我现在每年要参加 10 多次专业培训，在培训会上我都会和专家进行深入的交流，而且还会邀请一些对口的专家到我的合作社指导，我认为提升自己的综合素质才能对接现代农业科技。"目前，合作社同省市县各级的科技创新和推广主体都有合作关系。比如 2014 年，在省科技特派员"云和水产养殖业"团队的组织下，由 9 家合作社成立了丽水市第一家渔业类专业合作社。该团队有农业推广研究员 3 人、高级工程师 3 人，工程师 1 人。这个团队将各级农业科技创新主体以及自身研发的科技向传统农民进行再传播。BWS 意识到科技对农业的推动作用，2012 年他成立了一家水产类科研机构并任该研究所第一任所长。这个研究所在新品种引进、新技术推广、农民培训等方面展开了探索，并且免费为农民提供水质检测、疾病诊断等服务。

本研究的案例中多数新农人具有同农业科技创新主体合作的经历。作为现代农业的践行者，多数新农人认同科技对现代农业的推动作用。新农人因为自身所具备的科学文化素质以及所从事的新型现代农业的经历，所以同农业科技创新主体之间有了更多的"共同话语"，而这又是双方展开对话、交流以及合作的基础和关键。普通农民一般不具备这些特质，这就决定了以科技驱动的现代农业转型过程中，新农人比普通农民更具科技领先优势。

二、比较视野下新农人的传播优势

作为互联网时代的现代农业实践主体，新农人掌握现代农业技术、从事现代农业生产经营，是脚踩两个世界的"跨界人群"。他们游走于现代农业与传统农业之间，将自我融入农村，与农民建立联系。新农人与传统农民之间具有同质性又有异质性，这些特质决定了新农人可以成为现代农业技术扩散的理想传播"中介"。

新农人作为我国现代农业的先进生产力代表，是推动现代农业技术扩散的理想"创新代理人"。"创新代理人"与信息接收群体相比较所具备的同质性和异质性，是决定信息接收群体对创新事物接收程度及速度的重要因素。同质性决定了创新较容易被同一群体中的个体所接受，但也决定了群体中的个体接收到外界新鲜事物的可能性会降低。异质性群体之间的沟通交流较少，但是却能具备传递创新信息的优势。因此在创新扩散过程中，如果能够有同质性和异质性结合得较好的传播主体，则会更好地促进创新的扩散。新农人作为"跨界人群"，在向传统农民传播现代农业科技过程中就兼备以上两种特性。

"创新代理人"与他们的客户之间越具有同质性，他们彼此之间的沟通也就越有效果。一部分新农人本身出生于农村，对农业怀有感情和理想；另一部分新农人虽然没有出生成长于农村，但在农村参与现代农业生产和经营，相对熟悉农村情况。这些因素决定了新农人与农民具有一定的同质性。因此，新农人在面向农民传播现代农业科技时就具有较强的说服力。

LYH 是一位在浙江台州温岭市种植火龙果的新农人。现在台州已经有很多种植火龙果的农民，而 LYH 却是台州种植火龙果"吃螃蟹"的第一人。LYH 过去一直种植葡萄，娴熟的技术给他带来了不错的收益，但是他希望可以引进更多的热带水果。一次偶然的机会，他看到《每日农经》节目播放火龙果种植的故事。当年他便去台湾采购优质果苗，试验种植了 3 亩。经过精心培育，果苗全部存活，而且获得了每亩 8 万多元的收益。这大大超过了 LYH 的预期，而这一年的种植也使得他摸索了一些种植技术。首次种植成功给 LYH 带来了信心，他决定第二年扩大规模到 100 亩。最后他干脆经营起了苗木培育生意。随后几年，越来越多的果农看到了种植火龙果的收益，他们纷纷效仿，也开始种植火龙果，绝大多数的果苗来自 LYH 的果园。

关于火龙果种植相关的技术，LYH 会毫不吝啬地教给果农。截止到现在，台州市 60%~70% 的火龙果苗都来自于 LYH。通过访谈可知，部分新农人和传统农民存在既有的地缘、血缘关系，因而他们具有相对的同质性，容易产生认同和信任，普通农民容易接受这些新农人引进的现代农业技术。我国农村是熟人社会，那些接受了新鲜思想观念的返乡农民工、白领、大学生从城市回到农村后，就成为了创新事物及观念的"意见领袖"，可以影响身边的农民。

异质沟通虽然很少发生，但却有潜在的信息提供优势。异质的网络可以连接两个社会性质很不相同的系统，从而实现系统间沟通的跨度。这种异质的人际关系在传递创新信息方面很重要，1973 年马克·格瑞纳怀（Mark Granovetter）在他的"弱式人际的力量"理论中就已经暗示了这一点。因此，同质的沟通发生频繁，而且相对容易，但在创新扩散中却不如异质沟通的作用大。新农人是"跨界人群"，他们多数以前从事其他行业，且具有较高的文化素质，这些因素均决定了新农人同传统农民也具有相对的异质性。这正是新农人与传统农民能够进行农业科技互动交流的关键因素。在调查和访谈中多数新农人提到，村民对于他们引入的新品种、采用的新技术比较感兴趣，主动询问和关注的人很多，并且一些人在他们的影响下还种植了新品种或者采纳了新技术。

ZLC 是浙江台州临海市某水果专业合作社负责人，目前他的猕猴桃种植基地已经发展到了 550 多亩。开始学习种植技术时，他让身边懂行的朋友当技术顾问。经过一段时间的钻研，他从一个对农业一窍不通的上班族，转身变成了新农人。他注册成立了自己的水果专业合作社，投入 600 万元。在 3 年时间里，他把承包的山林改建成了猕猴桃果园，果园里面种植了华特、徐香等多个猕猴桃品种。在 ZLC 看来，猕猴桃的种植说简单不简单，说难也不难。猕猴桃适应性强，台州的气候也十分适合猕猴桃种植。和种梨、橙子等其他水果差不多，只要根据科学规律种植，合理分布果树的挂果量，修剪多余的幼果，猕猴桃就能种好。最让他得意的是自己对于人工授粉科学方法的使用不仅使得自己的果园增加效益，同时也使得这项技术在周边的农民中获得了认可。他说："最好采用人工授粉，人工授粉比自然授粉的果形均匀，个头也大一些，也不需要使用膨大剂等药物。"

　　从白领转型做"农人"，这种角色的差异可能会成为与普通农民信息交流的障碍，但反过来也可能促进交流和沟通。相对异质性的特点决定了"跨界人群"在传播过程中会形成"信息势差"，这种差距是促进双方交流互动的重要动力。新农人代表现代农业最先进的生产力，他们具有互联网基因，掌握先进农业技术，这些特质会随着新农人与传统农民的人际互动而得到扩散。

　　新农人是连接两个不同群体的中介人群，是我国现代农业的"新物种"，他们掌握现代农业科技或具备先进理念。相对于传统农民，新农人兼具相对同质性和相对异质性的双重特性，决定了其可以成为现代农业科技传播的理想"融合创新代理人"。"融合创新代理人"与罗杰斯提出的"创新代理人"的不同之处在于，"融合创新代理人"不仅仅是简单将创新机构的创新技术推广到客户人群中去，而且还承担了客户人群中的"技术采纳把关人""技术融合主体"等角色。

　　新农人作为"跨界人群"，以及具有市场意识的新农业生产群体，比以往的农业技术推广人员更具有市场经营意识和本地适应意识。他们从农业科技创新主体引进新技术、新品种时，会发挥"技术采纳把关人"的角色。同时，新农人一般会选择与农村的种植养殖大户合作，或雇佣技术能手，由于新农人自身具有一定的农业技术或文化素质，因此他们就会成为承担技术再创新的"技术融合主体"。他们会促使现代农业技术与传统农业技术以及本地适应性等诸多因素进行互补匹配，从而优化现代农业技术功效。作为新农业生产群体，利用个人和团队的创造性思想，构筑了交互复杂的创新系统，融合了现代农业技术与传统农业技术，使之与特定的生产流通环境和市场经营条件对接，使资本、技术、传统三者之间发挥协同作用，使农业从传统封闭走向现代开放，从零散走向整合。

三、新农人连接农业科技传播主体形成开放网络

把传播看成是一个动力学过程，是指其所有因素都在不断地相互作用和影响。特里·K. 甘布尔（Teri K. Gamble）、迈克尔·甘布尔（Michael Gamble）指出，既然所有的人都是互相联系的，那么发生在一个人身上的事情都会部分地影响了发生在其他人身上的事。人自身作为信息传播的媒介，人类的发展始终离不开人际传播的力量（特里·K. 甘布尔、迈克尔·甘布尔，2005）。纳杨·昌达（Nayan Chanda）在《绑在一起：商人、传教士、冒险家、武夫是如何促成全球化的》一书中提到"全球化根植于人类寻求更美好、更充实的生活的基本欲望。有许多角色推进了这一过程，为简化起见，可将他们分为商人、传教士、冒险家和武夫四类。这些'全球化'者为寻求更丰富的生活和满足个人野心而离开故土，在这个过程中，他们不仅将产品、理念和科技传播到域外，而且随着世界各地联系日益加强，他们还创造了一种新局面，用罗伯逊的话说，就是'世界一体意识的强化'"（纳杨·昌达，2008）。从这段话可知"人作为信息传播的媒介"在促进社会发展过程中的重要作用。新农人作为农业现代化进程中的新生群体，当他们返回农村、进入农业时，通过构建以人际关系驱动的现代农业科技传播系统，将产品、理念和科技带到农村，促进了农村改革和农业升级换代。

那么新农人构建了哪些人际传播网络呢？这些网络如何发挥作用呢？通过调查访谈发现，他们以雇佣劳工、日常社交、创建合作社、开展技术培训等方式同农民建立了社会传播网络。同时，他们积极与农业科研院所、高等院校、现代农业龙头企业、农业推广站等农业科技创新主体建立联系。新农人构建了辐射式的人际传播网络，连接了技术与生产、现代与传统。

浙江杭州余杭区的一名新农人，响应浙江省"一村一品"的号召，创

办了甲鱼养殖合作社。他在调查访谈中介绍："我们创办的甲鱼养殖合作社，会帮助一些小的农户做水质检测、饲料监测、商品鳖抽查等工作，如今已有 100 户是合作社的服务对象。通过我们的努力，现代养殖技术和标准逐渐被农民接受。"通过调查访谈可知，新农人一方面连接了农业科技的创新主体，如农业科学研究机构以及农业龙头企业，另一方面连接了农业科技的实践主体农民。连接即信息，通过连接，新农人成为了现代农业技术扩散的中介和桥梁。

"相互交往和相互影响的人类网络的发展历程构成了人类历史的总体性框架"（约翰·R. 麦克尼尔、威廉·H. 麦克尼尔，2011：3）。新农人通过各种连接方式整合了农业科技传播体系中的各类主体，形成了以新农人为重要节点的网络化农业科技传播体系。我国农业科技传播过程中一直存在传播链条过长的问题，新农人以体制外的农业新群体嵌入到农业科技传播链中，连接了链条中的各类主体，建立了开放的关系网络。新农人作为农业科技传播主体中的新生力量，能够突破自上而下层级传播体系，直接嵌入农村，成为了农业科技传播新链条中的重要环节，激活了现有农业科技传播资源，为传播农业科技提供了新的可能。

以往的很多农技推广以"技术"为中心，"见物不见人"，忽视对农户的推广"教育"（何得桂，2013）。新农人是桥梁人群，通过雇佣、合作等多种途径与传统农民建立了联系，连接了现代农业科技与传统农民，促进了现代农业科技向农民的传播。调研过程中，多数新农人反映他们从科研院所、龙头企业引进的品种以及种植、养殖、检测等方法会流向农民。因此新农人起到了连接现代农业科技创新主体与农民的中介作用。

第三节 转译：新农人推动农业科技传播中的主体互动

现代农业科技传播是一个将"私有知识"转变为"社会知识"的过程，也是现代农业技术与传统农业技术交互融合的过程。由于我国传统农业科技传播体系存在诸多弊端，以及我国农民科学文化素质不足等原因，严重制约了现代农业科技的转化。新农人为搭建现代农业技术从科研院所、大学、企业及媒体到传统农民的"桥梁"提供了新的路径。访谈发现，很多新农人从科研院所、大学以及企业的研究机构中引进了现代农业种植及养殖技术。新农人在推动现代农业技术从实验室走向田间地头的过程中发挥了作用。他们可以将现代农业技术信息转化为农民可感知的语言，将"信息流"转化为"影响流"，有效地提升了现代农业技术在农村的传播效果。农民在与新农人合作过程中并不是被动地接受，他们也会对现代农业技术中的部分细节进行改进。

因此，新农人不仅仅是面向农民传播现代农业技术的"单向影响流"渠道，也是现代农业技术与传统农业技术融合发展的"互动影响流"载体。"互动影响流"即现代农业技术通过新农人流向传统农民，同时传统农民将现代农业技术的使用情况通过新农人向现代农业技术创新主体反馈。新农人不仅仅是单向信息传播的"节点"，而且还是互动传播的"节点"，是现代农业技术的"互动影响流"载体。

发展是一个整体的、多维度的、辩证的过程，每个社会、社区、语境的发展都不尽相同。创新的发展是把新思想归纳为某种形式，满足潜在接受者的过程。当创新的技术、思想和观念进入到一个社会、社区或语境时，潜在接受者的传统思想和观念会对此产生一定的抗拒。传播效果研究表明，大众传播在告知人们信息时具有较强的功能，而在改变人们态度时则显得相对较弱。新农人进入农村后，相较大众传播，其基于社会网络的人际传播会起到更优的效果。1940 年，在美国伊利县的一个总统选战研究项目中，美国社会学家保罗·拉扎斯菲尔德等（2012）首次提出了我们现今所熟知的"两级传播流"理论——信息是从广播和印刷媒介流向意见领袖，再从意见领袖传递给那些不太活跃的人群的。拉扎斯菲尔德在本次研究中提出了"舆论领袖"的概念。他认为在大众传播媒介和选民之间有一个"中介"，即"舆论领袖"。"舆论领袖"通过人际传播网络将大众媒介的"信息流"转变为可以影响选民选择的"影响流"。

新农人作为"跨界人群"，不仅具备将现代农业技术"信息流"转化为"影响流"的能力特征，而且还可以成为"互动影响流"的中介。新农人是现代农业技术重要的传播节点，他们是科技、信息、政策、理念、市场、资本的汇合点，他们携带这些可以促进农业变革的要素嵌入到农村，就会成为改变传统农业的重要力量。不能以线性的传播模式理解新农人对农民观念的影响，应该以双向互动的传播模式去理解新旧两代农人对于地方性农业知识和耕种传统的交融式解释和实践。一名新农人在调查访谈中说："我们与农民并不是教育与被教育的关系，而是交流学习的关系，我们和农民的技术交流更多是创新和传统的交融，是技术的融合升级，但绝不是替代。"这一观点得到了其他研究对象的印证，一些新农人会雇佣当地的农业技术能手、"老把式"、种植养殖大户作为农场的技术顾问，这就为现代农业技术与传统农业技术的交融提供了平台和基础。新农人成为了现代农业技术和传统农业技术的交融点，信息传播和反馈的重要节点。

农业科技传播的本质是信息的转译问题，即如何实现农业技术从创新主体到接受主体的过程。因此农业科技传播应注重技术和文化转译，即将现代农业技术与传统农业技术对接，技术文化与乡土文化对接，最终才能实现农业科技的有效传播。新农人既具备科学文化素质，同时又从事现代农业，因此新农人可以作为现代农业技术与传统农民之间的转译者。他们不仅将现代农业技术传播到农民，而且还将农业技术实践过程中的问题反馈给技术创新主体，为连接农业技术的研发、推广、应用、反馈、改造等一系列传播环节提供了可能。

农业科技传播过程是互动交流过程，是非正式教育过程，也是技术适应过程，这对农业技术推广人员的素质提出了较高要求。李忠云等学者对湖北、湖南、河南、江西中部四省 514 名农业科技推广人员的问卷调查和基于 Cooper 和 Graham 模型的分析发现，大多农业技术推广人员的年龄偏大，学历层次偏低，专业知识能力欠缺，市场驾驭能力较低，沟通交往能力不强，组织管理能力较弱，自我平衡能力较差。研究者认为现行农业技术推广体制妨碍了基层农业科技推广人员的工作积极性，影响了农业科技推广人员的工作能力的发挥（李忠云等，2011）。农业科技推广人员的整体素质决定了与技术创新主体以及与农民的沟通效果，最终将影响农业技术转化率。政府主导的农业科技推广体系不应该仅仅满足于把上级认可的技术推广到农户手中，其作用应更多地体现在信息解释、分析与服务方面（孔祥智、楼栋，2012）。而新农人比公益农业科技推广人员有着文化、技术、市场理念、沟通能力等方面的诸多优势，能够承担起解释、分析的转译者角色，而这些优势恰恰是决定农业科技转化成效的重要因素。

一、新农人作为现代农业科技"采纳把关人"

新农人与其他农业科技推广主体的不同在于其自身即为市场经营主体，更加强调盈利性和适应性。他们对品种选择、技术采用等决策最终都需要经过市场检验，因此新农人对农业科技的选择比较谨慎。未来农业的规模化、集约化、科技化程度将更高，新品种培育技术、生态农业种植养殖技术、水质土壤改良技术、农耕设施科学技术等将大范围地运用到农业领域，这些新技术的运用将大大提高农业生产效率和管理水平。但是多数传统农民无法承担这些技术在推广过程中的风险，而新农人则会成为创新技术的早期采纳者，他们将会成为现代农业科技的"采纳把关人"。技术采纳过程实则是农业技术各类传播主体互动的过程，而新农人实际承担了转译者角色。调研发现，正是因为新农人对于市场的敏感以及对现代农业技术的熟悉，因此他们在采纳新技术和改良新品种以后带动了所在地的农业发展，部分农村在新农人带动下培育了支柱产业。

浙江台州一位新农人 GLT 从农业技术的门外汉学成了"葡萄教授"，成了现代农业的行家里手。GLT 在承包土地种植园之前是一名长途客运司机，平时爱看书。有一次他看了一本种植的书，对种植葡萄产生了很大的兴趣。在认真思考了几天以后，他决定改行做农民种葡萄。种葡萄的第一年，GLT 没有采取防虫措施，葡萄藤上的叶子"片甲不留"，更不要指望结果了。第二年，眼见着葡萄挂满枝头，他满心欢喜等待葡萄成熟。就在他招募工人准备采摘时，天上的飞鸟"黑云压城"，由于没有装防鸟网，葡萄被一扫而空。GLT 痛定思痛，认为不能闭门造车了，一定要拜师学艺，要引进先进技术。他与浙江大学果木研究所联系，并且高薪聘请了几位研究生来农场工作，建立了自己的"科研小团队"。他们研发了一套数字化生态精致栽培模式，从葡萄剪枝、留梢、定穗、疏果，每一个环节都有硬性规定，操作起来近乎苛刻。就拿定穗环节来说，每亩葡萄一般留 2 000 串左右，花穗被剪成圆柱形，每个穗之间保留一定的距离，这样葡萄颗粒都能受到光照。在葡萄趋于成熟阶段，过密的要疏果，特别大和特别小的果粒也要剪掉。GLT 说："我的这套技术从引进到成型整整用了 3 年多时间，这几年我的经验是，对农业技术要善于分辨，要学会改进，并不是所有的技术都会成型落地，也并不是所有的技术都可以拿来就用。"目前，他的葡萄园种植面积 810 亩，优良葡萄品种有醉金香、巨玫瑰、夏黑、早夏无核等 70 多种。通过吸取国内外先进种植技术，形成了自身独特的生产技术——"葡萄数字化生态精致栽培和二次挂果"。GLT 表示，"当所有人都唱衰农业的时候，他们唱衰的其实是传统农业，新型农业的道路却是宽阔的。而拓宽新型农业的基础则是资本和科技。新型农业必然是企业做农业，科技武装农业。"

现代农业是技术驱动的农业，尤其是一些设施农业需要花费大量的投入。因此对于抵御风险能力较低的普通农民而言，他们对于现代农业技术的采用持比较谨慎的态度，对于没有十足把握的技术他们一般不会接受并采用。新农人相对普通农民拥有较强的经济实力，并且具有较强的抗风险能力，而这些特质决定了新农人比普通农民更愿意冒风险引进先进技术或者品种。调研发现，很多新农人采用的新技术和新品种在当地均具有引领作用。当新农人采用新技术和新品种获得成功后，新技术会迅速获得普通农民的认可，新技术采用率会获得迅猛增长。因此，新农人实则成为了农业科技的"采纳把关人"，其所发挥的作用是选择技术、试验技术，在新技术引进成功后被普通农民跟进。由于新农人作为自负盈亏的经营主体，因此新农人引进的新技术就具有了市场适应性，为普通农民的决策提供了可信的依据。

二、新农人将农业科技转化为"地方知识"

新农人将现代农业科技转化为"地方知识"，具有两个层次含义。首先是任何技术均应适应本地的特性，因此新技术的应用应该注重技术与本土知识的结合。比如不同地域、流域会有不同的种植、养殖习惯和禁忌，如果现代农业科技在应用过程中忽视这些地方知识，则可能会降低其适用率。其次，现代农业科技的应用过程本身就是现代技术转化为地方知识的过程，因此是需要一个转化"中介"，而新农人则能承担这个"中介"，因为新农人可以较好对接农业科技创新主体和普通农民，将技术转化为实际成果。因此新农人在农业实践过程中，会发挥主观能动性，使得新技术从实验室最终走向田间地头，使得现代农业科技转化为本土成果。

多数新农人重视现代农业科技转化过程中遇到的"地方性知识"。"地方性知识"来自于美国人类学家克利福德·吉尔茨（Clifford Geertz），他认为知识的"地方性"主要是说一种知识构成与当地人的生产条件、生活习俗、文化情境和价值观紧密相连。同时，他也意识到"地方性不仅是在特定的地域意义上言语的表述，它还涉及在知识的生成与辩护中所形成的特定的情境，包括由特定的历史条件所形成的文化与亚文化群体的价值观，由特定的利益关系所决定的立场、视域等"（盛晓明，2000）。

新农人不仅具有市场意识，而且也重视地方性知识。他们大多根据农村实际情况挖掘当地特色农产品，根据当地自然情况引进合适的新技术、新品种。另外，由于新农人中很大一部分是来自于农村的"新知识青年"，对于当地的文化依然保持一定的认知和敏感度。因此，新农人拥有与农民相对共通的"语义空间"，可以保证双方之间相对顺畅的交流和沟通。

调研中发现，一些新农人具有较强的创新能力，他们能够创新性地使用现代农业技术，因此在现代农业技术转化过程中，使得技术变为"地方知识"。LJZ 是一名在嘉兴做蓝莓种植的新农人。蓝莓是地球上较早出现的一种水果，但在嘉兴种植却是近几年的事情。LJZ 就是将蓝莓引进到嘉兴的新农人，他种植的蓝莓品种是从南美引进的 V3 系列，但是这种品种是否适合在浙江嘉兴地区种植却是一个需要探究的问题。为了种好蓝莓，LJZ 请教了浙江农林大学的教授，而且做足了前期准备，光改良土壤这一项就花了 3 年时间。LJZ 说："我们从东北运来草炭，成本高达 300 多万元。草炭中含有大量有机质，可有效改善土质，为蓝莓生长创造最适宜的土壤环境。"除了增加土壤有机质，LJZ尤其注重肥水管理。在蓝莓生长的关键时期，一种从日本引进的高档营养液立下了"汗马功劳"，不仅省下了近一半的人工成本，还将蓝莓的产量提高了10%至 20%，口感和品质更是有了大幅度提升。新农人比传统农民更积极主动地寻求变革，他们会主动引进新品种和新技术，很多新品种和新技术是否适应本地还需要试验并加以改造。因此新农人在将现代农业科技转化为"地方知识"中发挥了主观能动性作用。

通过以上两个案例分析可知，由于新农人是"跨界人群"，因此他们成为了对接现代农业科技和"地方知识"的良好中介，无论是新技术的适应还是再创新，他们均能发挥好"桥梁"作用。

三、作为农业技术信息使用的"反馈主体"

新农人不仅承担了将现代农业技术向传统农民转译的角色，还承担了将技术应用中的问题向农业技术创新主体反馈的角色。农民并不只是作为现代农业技术的接受主体，他们在新农人的农场中会根据实际情况对现代农业技术作出一些调整，结合自己的经验和传统做法对现代农业技术进行改进。调研发现，新农人农场会雇佣一些当地的"老把式"，他们会依据多年的实践经验，在防治病虫害以及改进现代农业技术中发挥一定作用。新农人运用自身的科技文化知识，在与乡村种植能手、传统农民的交往、互动、实践中，"再造"农业技术，从而使现代农业技术更具本土适应性。农业科技推广必须重视本土知识的利用，强化自下而上的技术推广策略，扩大科技创新的空间（张克云等，2005）。调研中一位新农人说："我们与农民并不是教育与被教育的关系，而是交流学习的关系。我们和农民的技术交流更多是创新和传统的融合，是技术的升级，但绝对不是替代。"新农人成为了现代农业技术和传统农业技术融合的交汇点，这本身就具备了向农业创新主体反馈信息的潜能。杭州一位新农人与中国农业科学院茶叶研究所建立了合作关系。茶叶研究所相关负责人强调，"农业技术不仅要从实验室走向田间地头，更要从田间地头回到实验室。我们需要反馈，那些和我们合作的新型农业主体在这方面发挥了作用。"

新农人比传统农民更为注重与农业科技创新主体的沟通交流、展开合作。本书调查的新农人中有6名新农人与技术创新机构建立了更密切的合作关系，其农场被确立为农业技术试验园。CFL 毕业于浙江某大学生物学院，毕业后他的第一份工作就是在养殖场中做一名技术员，并且于 2008 年成立了公司。CFL 说："我的这个养殖场不仅是示范基地，也是研发基地，我们在经营过程中遇到的一些问题都会向研究所反映，他们会派专家过来检查。这些合作不仅使得我们的农场获得了指导，而且研究所也获得了技术信息反馈。他们很多改进都是在我们反馈的基础上进行的。"一个研究机构人员表示，由于新农人是现代农业科技的实践主体，他们的农场成为现代农业技术的实验场地，同时由于新农人具有较高文化素质和较强整合能力，因此他们会将现代农业技术实践过程中的一些问题有效地向农业技术创新机构反馈。

新农人发挥了现代农业技术的"把关人"、融合"地方知识"以及有效反馈技术使用信息三种作用。从信息层面讲，新农人实则是"转译者"角色，即承担了现代农业技术与传统农业技术、现代技术与地方知识、试验信息与实践信息的"转译者"。当然，这个"转译者"并非仅仅是信息的"中介"，"中介"发挥的作用最多只是信息的同一性传播，即 A—M—A，即信息经过中介 M 后，依然是 A 或者是较为接近 A 的信息。而信息经过转译者则会发生 A—Z—B，即信息经过转译者 Z 以后极有可能成为了 B，从 A 到 B 的过程中加入了转译者 Z 的转译效应。农业技术的传播过程实则就是一个信息的转译问题，农业科技推广任务一直在寻找合适的"转译者"，而新农人所具备的特质决定了其可以承担一定的现代农业科技传播的转译者任务。

第四节　整合：新农人与各类主体构建农业科技传播合作领域

当前，我国已经形成了"一主多元"的农业科技传播体系，即以行政主导的公益传播为主，以高等院校、农业研究所、农业龙头企业、农业合作社等代表的多元主体为辅的传播体系。但是目前这些主体之间并没有形成整合效应。究其原因在于这些主体各自遵循不同目标，协作动力不足，因此就出现了即使有多元体系亦无法实现有效传播的困境。新农人是在互联网时代产生的新型职业群体，他们具有开放、协作的思维方式，在实践中注重与不同主体的协同、合作。

本书研究案例中，多数新农人通过"农业示范基地""公司+农民合作社""订单农业""农业技术指导服务"等方式与各类农业技术相关主体建立了协同关系。他们以效益为导向，在协同行动过程中促进了各类主体的整合，实现了农业科技的有效推广。本节按照新农人与各方合作关系的紧密程度，将合作领域分为合作、指导、示范 3 种类型。合作指的是多方主体之间具有较强的利益关系，以契约方式构建合作关系，比如"公司+农民合作社"以及"订单农业"均属于合作方式。指导方式指的是新农人向传统农民进行技术指导，这种技术指导并不是契约式合作；一类是提供专营农业技术指导，另一类则是新农人在自身经营新农业时向外输出农业技术。示范则是指新农人的农场具有"农业示范基地""农业小型科技园区"的效应，很多农村在新农人的示范下逐渐带动了村域产业发展，有些甚至发展成为了村庄的"一村一品"。

一、新农人与相关主体构建共同合作场域

新农人构建的信息传播网络具有突破以往农业技术信息传播中二元对立格局的可能性。传统农业技术信息传播主体与接收主体农民往往对接不畅，因此导致农业技术信息传播经常处于失灵状态。新农人具备的"跨界人群"特质决定了其不仅可以提供创新的科学技术，而且更容易被传统农民所接受。新农人本身就是现代农业转型中各要素连接融合的产物，而以他们的人际关系构建的社会网络将会促进各要素更进一步的连接融合，推动农业转型。

新农人构建的农业科技传播体系形成了一个合作领域。这种网络化合作

不论是结构形式还是运行机制，都远远比不上科层组织，甚至比专业性、服务性组织的结构化程度更低。它们一般规模较小，分工并不十分严格，但强调协作。这类松散的组织为农业科技传播体系的建构提供了新的可能性。这类组织体系具有的特征可以解决传统农业技术传播体系中的部分弊端。这些组织特性如下：① 多方合作。农业科技传播是一个涉及研发、教育、推广、乡土专家、普通农民等多元主体的系统。如果依然按照科层制管理方式，那么多元主体之间的协作问题、传播链条过长的问题就不好解决。新农人以开放的心态吸纳多元主体开展农业技术创新实践，而这种以合作领域形成松散组织系统的方式开展农业科技传播，则可以在一定程度上避免"政府失灵"。② 沟通共享。传统农业科技传播体系多以行政为主导，以"技术为本"，很难做到"以人为本"，尤其是在整个系统中农民的需求无法获得倾听。新农人的农场经营模式中融入了乡土技术精英和普通农民，地方性知识与现代农业技术相互碰撞，更有利于现代农业科技的有效落实。③ 共同协作。新农人扎根农村，以农场为基地与农业技术创新主体以及传统农民展开了共同协作，空间的接近性以及长时间的交流互动，使得农业技术在交流和协作中逐渐融合、创新以及被接受。

新农人 WEF 的创业经验，诠释了农业科班出身的新农人如何构建农业科技的合作网络。目前，他的农业科技有限公司是台州市农业科普实践基地，他自己则是浙江农业大学创业导师、台州学院客座教授，曾荣获浙江省大学生现代农业十佳创业新星、全国农村致富带头人等称号。WEF 作为农民的儿子，他坚定地选择了走农业之路。但与父辈们不同的是，他是科班出身，是运用高新科技从事农业的新农人。2006 年毕业后，在父亲的支持下，他承包了 1 000 多亩无人问津的盐碱地，都是由滩涂围垦而来，因为含盐量高，一度被认为是不能种植农作物的"死地"。但对 WEF 而言，这里很合适。在这里，他可以进行机械化操作。棉花耐盐碱，还可以改良土壤，所以 WEF 决定先种棉花。但书本知识和实际操作的差距始终存在，大片棉花种了下去，到头来却是几乎绝收，卖棉花的钱还不够支付采棉花工人的报酬。刚开始的一两年，农场几乎没有利润。他有些受打击，但并未气馁。他请来农业专家实地考察，解决了土地含盐量过高的问题。为改良盐碱地，他四处搜集猪粪，通过猪粪淡化等科技手段来提升土壤肥力。经过不懈努力，淡化后的盐碱地竟然慢慢变成了适合文旦、广柑等瓜果蔬菜生根发芽的沃土，WEF 开始收获。四年多时间里，他白天用在学校里学到的专业知识从事农业生产，晚上则自学市场营销和经营管理等知识。

盐碱地上的成功并没有让 WEF 就此止步，反而加快了他开疆拓土的脚步。经过反复研究以及同省林业厅联系，他决定开辟一处珍贵树种区，并种植红豆杉、紫薇、金丝楠木、白沙枇杷等树种。WEF 指出，"红豆杉叶片可以提取紫杉醇，我们已经和上海一家药企取得了合作协议。它的种子也可以入药，而且树木每年都在长，也就是说每年都在增值。"WEF 作为新农人对现代农业科技充满了热诚。除了通过科技人才周活动邀请科研院所的专家学者实地参观、沟通合作，他还经常带着难题去高校请教，经常会带回一些新的技术和品种。如今 WEF 每年都会拨出利润的 8%用于科研项目。近年来，他的团队与科研院校的合作也越来越多，他的公司已与浙江农林大学等高校的 60 多位教授建立了合作关系。

新农人构建的合作中不仅有农业科技专家参加，也有普通农民的参与和协作。WEF 以各种方式让普通农民参与到他的新农业中来。WEF 主要通过"公司+合作社"以及"订单农业"的方式同普通农民进行合作。同时还会雇佣一些农民来农场中完成除草、施肥、收挖、规整土地等基础工作。WEF 认为，"我们也一直在探索如何让农民共享利益。可以采取合作制的方法，把产业化的经营方式纳入到合作经济合作框架中。"以新农人为中心的农业实践中，从行动层面构建了新农人与农业科技创新主体、普通农民共同合作的领域。正是在实践中，农业科学技术获得了有效传播。不仅新农人在农业实践中促进了农业科技的传播，同时普通农民在农业具体操作过程中接触并逐渐接受了现代农业科技。

二、新农人直接开展农业科技指导服务

多数新农人以农业实践构建的合作领域促进了农业科技的传播，但并不直接以农业科技推广和传播为主要业务。然而调研发现，还是有少量的新农人是以直接开展农业科技指导为主营业务。这其中包括直接经营农业技术付费服务的模式，和以经营农资附带农业技术指导服务的模式。这类直接指导模式与上述合作模式不同之处在于，合作模式主要是以新农人的农业经营为主，在合作过程中会促进农业科技的传播和推广；而直接开展农业技术指导服务的新农人则是以农业科技的推广为主要业务或者重要目标。新农人借助自身的农业科技优势以及同农业科技创新主体之间良好沟通的优势，承担了为普通农民传播现代农业科技的任务。

YJY 是一名专门从事水稻种植同时提供水稻农业技术服务的新农人。他毕业于某工商职业技术学院，工作 3 年后毅然回到家乡台州天台县承包了500 亩地。第一年种粮，等她刚完成翻耕，别人的稻田早已秧苗一片油绿。幸亏老天帮忙，当年收获期天气晴朗、时间又长，才不至于"颗粒无收"。到了收割期，YJY 早已口袋空空，无法购买烘干机，眼看着堆成小山似的稻谷就要霉烂，她急得寝食不安。所幸家人支持，帮她熬过难关。辛苦一整年，YJY 算了算账，亏了 20 多万元。第二年，YJY 在当地农业部门指导下，购置了大型拖拉机等农业机械，同时建立烘干中心，实现粮食生产的全程机械化，还带头在县里组建了一个粮食专业合作社，为社员提供全程设施化服务。类似 YJY 这样为普通农民提供技术、设施服务的新农人虽然不占多数，但还是有一定的比例。他们看到了我国农业技术的巨大缺口，以直接提供农业技术服务为主营业务。他们会收取一定的费用，但仍有一些普通农民为此付费。

除了直接提供农业技术服务的新农人之外，还有一类是以经营农资为主、

以农业技术服务为辅的模式。这类模式多是一些大型农资公司的地区经销商。为了更好地推广各类农资，他们配套提供一些农业技术的指导服务。与有偿提供农业技术服务的新农人不同，这类新农人的经营模式是销售农资附带免费提供农业科技服务。他们还会为没有购买农资的农民提供技术服务，这也是一种重要的营销方式。调研发现，一些农民在接受免费农技指导服务后会逐渐产生"路径依赖"，选择购买农资享受附加技术服务，从而更加强化了他们之间的关系。

直接提供农业科技服务的新农人虽然比例还比较小，但是随着土地流转政策的实施、现代农业的发展壮大、传统农民思想观念的转变，通过付费获得农业技术指导的农民会逐渐增多。

三、农场发挥农业科技示范园区作用

农业技术扩散的空间分布具有较强的规律性可循，有形的农业技术和无形的农业知识在扩散过程中均存在"邻近效应"。"邻近效应"是指农业新技术扩散过程中，在同一时间点，距离创新源较近的地区采纳新技术的概率要高于距离远地区（满明俊，2010）。我国农业技术创新源一般为科研院所、大学、企业等机构。由于这些机构与农民相距较远，机构直接面对农户来推广农业技术的效果并不明显。美国在农业技术推广过程中也遇到过同样情况，因此他们在各州创办的农业大学培养了大量农业技术"推广代理人"，起到了良好的效果。我国虽然也设置了大量的农技推广人员，也取得了一定成效，但依然存在脱节问题。在地域上新农人比多数农技推广人员更接近农民，新农人的农场具有"在地化"特点，农场的示范作用及新农人作为"常驻不走"的技术人员均能使现代农业科技取得良好的传播效果。美国学者尼古拉斯·克里斯塔基斯（Nicholas Christakis）和詹姆斯·富勒（James Fowler）在《大连接：社会网络是如何形成的以及对人类现实行为的影响》一书中提出"强连接引发行为，弱连接传递信息"（尼古拉斯·克里斯塔基斯、詹姆斯·富勒，2013）的观点，这一观点是对斯坦利·米尔格拉姆（Stanley Milgram）"六度分割"理论的拓展。作者认为"六度分割"理论是虚拟的连接，而真正影响个人行为的是"三度分割"，即我们的实际影响能够波及"朋友的朋友的朋友的朋友"；如果超过"三度分割"，那么影响就会变得微弱。

调查发现，新农人主要通过既有的人际关系、招工关系、合作关系等方式对农民产生影响，并推动现代农业技术的扩散。已经受到影响的农民也会在他们的交往关系中继续传播农业技术。同样地，如果超过"三度分割"，影响也会变得非常微弱。

新农人与农业技术各类传播主体构建合作领域，不仅仅是作为具有能动性个体之间的连接，还包括各类非人行动者[①]，比如物质技术、空间地点都会成为构建合作领域的重要基础。新农人的农场就是非常重要的非人行动者。调研发现，新农人的农场类似于农业科技示范园区，这个空间场所在农业技术传播的相关主体之间构建为一个合作领域。以此为场景，农业技术传播各类主体之间展开互动、交流、合作等类行动。新农人的农场还发挥了农业技术展示平台的作用。这一园区展示推广模式，充分发挥了园区整合资源能力强、示范带动区域广的特点，实现了对本地区农民和周边地区农户的技术推广（李中华、高强，2009）。农民在接受现代农业技术时持有审慎态度，除了信任熟人以外，他们还比较注意对新品种和新技术的观察，即"眼见为实"。新农人通过"做给农民看，引导农民干"的方式，使得农民更容易接受新技术。

XPY是一位经营苗木种植的新农人。2012年，XPY只有24岁，揣着200万

---

① 法国社会学家、人类学家布鲁诺·拉图尔（Bruno Latour）提出的行动者网络理论，认为行动者不仅指行为人（actor），还包括观念、技术、生物等许多非人的物体（object）。任何通过制造差别而改变了事务状态的东西都可以被称为"行动者"。

流转了 1 140 亩地，购买了 30 万株红心柚，准备大干一场。但是现实是残酷的，第一年冬天树苗就全死了。"其实我也做了前期调研，不过还是没经验，我所在的这个镇山里的温度比市区低好几度，红心柚都冻死了。"当时的合伙人都走了，但 XPY 不能走，1 140 亩地可是跟农民签了 30 年合同的。她又借了 60 万，种下 100 万株相对便宜的水杉苗。也就是从这个时候开始，她真切地体会到了科技的力量。当时浙江农林大学开设了一个现代农业领军人才班，她入班学习提升自己。在这个培训班上，她不仅学习到了很多农业科技知识，同时也结识了浙江农林大学的教授以及从事新农业的其他同学。随着她的基地越来越大，来育苗的企业也越来越多，一些科研院所和企业也把这里当做实习科研基地，来选苗育种。而且她的示范基地还影响了周围农民种植的品种，农民们主动上门寻求科技指导以及合作。

多数新农人表示他们的农场类似于"小型科技园区"，很多农民会对新农人的种植品种以及技术感兴趣。很多人从最初的怀疑到关注，从感兴趣走向主动询问以及寻求进一步合作。新农人农场与普通农民的"接近性"决定了周围的农民会较早接触到这类新技术或者新品种，而经常性接触会提升普通农民的接受率。一些新农人表示，多数农民最初并不看好他们的新农业，有些甚至一直都不看好，但是随着农场的展示以及收益初见成效，有些农民会出现跟风现象。

第五节　以新农人为中心的"嵌入式整合"传播体系

以新农人为中心的"嵌入式整合"农业科技传播体系，指的是新农人在整个农业科技传播体系中发挥了核心和关键作用。能动性较强的新农人作为一个"新物种"嵌入到了农业系统以及农业科技传播体系中，成为了整合农业科技传播的重要力量。

新农人与传统农民相比是"跨界人群"，他们从其他行业转行进入农业。以往的思维方式及工作习惯，使得他们在从事农业时同样具有"开放、合作"的互联网思维。由于具有较强的能动性，新农人虽然从事的是第一产业，但是他们却"接二连三"，立足农业，涉足第二和第三产业。他们的能动性还体现在对于新品种、新技术的引进上。这里研究的案例中，有很多新农人都是在引进新品种和新技术的基础上开展新农业。新农人的能动性还表现在对于技术的改进上。新技术在引进初期并不会直接适用，而是有一个适应和改进的过程。新农人较传统农民更具进取心，因此他们会更主动地寻求改进。

新农人成为了农业科技传播体系中的一个重要核心和关键群体。他们将农业技术创新主体、推广主体、农业技术相关供应主体以及传统农民，通过现代农业实践连接起来，推动了农业科技的发展和传播。在新农人的推动下，相关主体之间表现出了相互嵌入、相互依存、相互促进的"嵌入式整合"状态，这有利于现代农业技术的传播。

一、主体之间相互嵌入

传统农业科技传播体系呈现出了"直线链条式"传播模式。我国农业科技传播链条较长，常常会出现农业科技传播失灵的问题，这起因于传统行政主导的农业科技传播体系中责、权、利不清晰，分配不合理。而以新农人为主导的农业科技传播体系，是以利益为主导的盈利模式，各类主体均以利益为导向。因此新农人与农业科技创新主体，比如高校以及农业科研院所的合作，或者与传统农民的合作均以利益为基础，而在此基础上的合作可以更为深入，同时也更能调动各个主体的积极性。在上述案例分析中，多个新农人以农业实践为中心构建了专家学者、政府、农民、合作社之间的合作领域，长期合作使得不同主体之间处于了一种相互嵌入的状态。当多方处于互相嵌入的状态时，会有效促进农业科技传播。

首先，农业科技创新主体嵌入具体的农业实践。本书调研的多数新农人聘请了农业院校的教授作为农场的技术顾问和指导人员，让现代农业技术的创新主体直接走向实践，嵌入到技术的转化场域，从而更有利于现代农业科技的转化。新农人主要通过两种方式嵌入到农业科技创新主体之中，一种是新农人的农场作为农业院校的示范、试验基地，成为农业技术创新中的重要一环。调研发现，此种类型不在少数，未来将会有更多的新农人农场成为农业科技示范和推广基地。另一种形式是新农人作为"客座教授"到农业院校中授课，本书中有两个案例属于此种类型。这种嵌入方式虽然并不多见，但是足以见到新农人与农业科技创新主体之间的紧密关系，这是科技创新主体和科技实践主体之间的融合关系。

新农人同传统农民之间的嵌入关系更为紧密。新农人的重要特征就是返乡从事农业，这部分人回到农村以后会同传统农民之间建立各种关系，比如雇佣、合作等。新农人作为农业的"新物种"，已经深深嵌入到了农业生产、经营、管理之中。在一些调研案例中，传统农民与新农人虽然并不直接建立关系，但是却会在新农人带动的产业发展中受益。因此新农人与传统农民之间的关系变得更加紧密，并没有因现代农业技术的推广和使用使得双方之间的关系产生疏远。

因此，以新农人的农业实践为中心，农业科技创新主体、推广主体、传统农民等相关主体之间实现了主体之间的互相嵌入，构建了紧密的合作关系，从而也使得现代农业科技传播体系更有成效。

二、主体之间相互依存

在以新农人为中心的"嵌入式整合"农业科技传播体系中，不同主体之间的依存度大大提升。比如新农人从事的新农业最为重要的特征就是科技驱动，这就决定了新农人与农业科技创新主体以及推广主体之间会形成紧密的联系。通过上述案例可知，多数新农人同高等院校、科研院所建立了技术关联，从新农人对农业科技的需求这个层面讲，新农人对农业科技创新主体的依存度在提升。如果从农业科技创新主体的技术成果转化以及推广角度讲，新农人是当前农业技术最重要的主力军，是现代农业技术的重要承接主体，因此创新主体的农业技术成果多数情况下是首先由新农人将其转化为实用技术。因此从技术转化层面讲，农业科技创新主体对新农人的依存度在提升。

在现代农业发展的背景下，新农人同传统农民之间的关系也逐渐紧密。正如在调研中一些新农人所言，新农人与传统农民之间的关系不是取代的关系，而是互相学习和互相促进的关系。调研发现，新农人虽然拥有先进的技术，但是在农业科技的"落地"过程中却离不开传统农民的合作和帮助，尤其是一些新农人在农场中雇佣的"老把式"、种植养殖能手都成了现代农业技术从实验室走向田间地头的不可或缺的技术"接生婆"。即使是普通农民，依然在新农人的农场中发挥了巨大作用。调研中发现很多新农人都会同传统农民之间通过雇佣、合作的关系来共同完成现代农业的生产、加工等活动。

现代农业科技的转化过程涉及多元主体，而新农人在现代农业转化过程中以农业实践为基础，将不同主体关联起来，共同合作，这无疑提升了多元主体之间的依存度。

三、主体之间相互促进

以新农人为中心的"嵌入式整合"农业科技传播体系，实则构建了一个共同协作的技术推广、实践、反馈的合作领域,农业技术创新主体、新农人以及传统农民等多元主体在合作领域中形成了相互促进的态势。从农业技术创新主体角度来讲,新农人的农业实践是现代农业技术从理论走向实践的重要载体,这一实践过程不仅仅是农业科技的一次转化,而且还涉及农业科技的升级换代。而新农人的农业实践构建了创新主体和实践主体的合作领域。调研中多数新农人均会同高等院校、科研院所建立合作关系,聘请专家直接指导。农业科技传播的过程实则是一个知识再传播的过程,而新农人与农业专家的关系促进了现代农业科技的转化。另外还有很多新农人的农场成为农业科技示范园区、农业科技转化基地,这不仅使得农场获得了农业专家的指导,而且还促进了农业科技的转化。

新农人与传统农民之间的关系也在新农人的农业实践中相互促进。新农人促进了传统农业的升级换代,带动了农业转型升级;反过来这个过程必然会带动传统农业向现代农业转型。传统农民在农业实践中同样促进了现代农业科技的转化,现代农业科技的转化过程实则是现代农业技术同地方知识共同融合的过程,这同样离不开传统农民对现代农业技术的"改造",传统农民在现代农业科技转化过程中还承担了具体操作的任务,他们在具体实践过程中也会加深对现代农业科技的认知,因此促进了现代农业科技向传统农民的转移。调研发现,很多新农人表示,一些传统农民由于害怕农业科技升级换代带来的风险,一般会取保守态度,但是如果他们看到新农人实践中取得不错的收成,一般会跟进。

因此新农人的现代农业实践具有较强的"正外部性",向上承接了现代农业科技创新主体的技术,促进了技术的转化和落地;向下面向传统农民传播了现代农业科技,促进了农业的转型升级,提升了农民的科技文化素质。以新农人为中心的"嵌入式整合"农业科技传播体系,构建了以能动性较强的新农人为中心的,各类主体相互嵌入、相互依存、相互促进的合作网络式农业科技传播体系。这个传播体系以新农人的利益驱动为导向，因此更具针对性，效率更高，各类主体的关联更为紧密。多元主体构建的合作领域有效地促进了现代农业科技的传播。

第六节　新农人农业科技传播体系建构的问题及对策

目前虽然全国已经拥有了几百万新农人，但是如果放在整个农业中依然比例很小；即使在发展势头相对较好的浙江，新农人依然不是主流。但是通过调研我们已经发现了新农人在农业科技传播中所发挥的作用。我们在对浙江新农人开展调查的同时，还在北京、上海、河南、安徽、甘肃等地开展了相关调研。结合多地调研案例对新农人"嵌入式整合"农业科技传播体系构建提出对策：建议从以下三个方面着手，进一步挖掘和扩大新农人的现代农业科技传播潜力。

一、新农人开展农业科技传播存在的问题

新农人毕竟是新生群体，他们有一部分人取得了不错的收益，取得了阶段性成果，比如本章选取的 30 名浙江新农人多数是成功案例。但是全国几百万新农人中也存在着大量的失败案例，对于这些新农人而言，他们所发挥的农业科技传播的效果就并不明显。目前来看，新农人开展农业经营存在以下问题。

1. 部分新农人行业适应性较弱

从事新农业的新农人，多数之前并不从事农业，这既是优势，同时也是劣势。正如上节论述，新农人可以将其他行业的思维、技术引入农业，我们调研的成功案例中多数新农人很好地发挥了跨界优势。同时我们也看到有一些新农人持有理想主义信念，在具体的实践中却遭遇了困境，最终有很多新农人投入了大量资金却无法取得回报。湖南一位养鹅的新农人说，2013 年，他最初在县城一家小公司上班，他不愿意过朝九晚五的生活，就辞职回家乡干起了养鹅生意。第一年还比较顺利，但是由于自己缺乏经验，他将养殖场放在了岛上，没有考虑到养殖环境的变化对鹅产生的影响。第一年，养殖环境相对干净，病菌较少，没有对鹅产生太大影响；但是第二年，岛上的环境逐渐潮湿，养殖环境发生了变化，随着病菌越来越多，导致了疫情的发生，大量的鹅死于疫情。虽然他求助了畜牧水产专家，但最终还是无法控制疫情，损失惨重。农业是一个低回报、高风险的行业。虽然现在的有机农产品和高质量农产品价值持续上涨，为新农人从事新型农业生产带来了机遇，但是农业的风险却并没有消减，而且随着人们对农产品质量要求的提高以及环境因素的变化，农业的风险反而在增大。部分新农人在应对农业生产、流通、经营等环节出现的风险时缺乏经验，最终因无法适应市场而选择退出。

2. 内部多方主体整合存在困难

新农业需要整合生产、流通、经营等多个环节。单论生产环节就需要协调技术提供方、传统农民、合作伙伴等多个群体。他们之间的利益和旨趣存在较大差异，因此常常因理念或者利益不同产生分歧，有些新农人团队甚至因此解散。本书调研的很多新农人都从事生态农业，目前生态农业虽然具有较大市场，但是如何操作却并非一腔热血就可以解决。FGJ 是一位在北京从事生态农业和观光农业生产活动的新农人。他回到家乡开展有机蔬菜种植，为了扩大规模就在村里雇佣了很多有经验的村民，但这些农民和他的观念发生了冲突。由于是乡里乡亲，一些村民也是从他的收益出发考虑问题。一位村民说："除虫怎么能不打药，要想蔬菜长得快怎么能不施化肥？"FGJ 说："我做的是有机农业，要是客户看到我挂着羊头卖狗肉，我就失去信誉了。即使我亏本，我也不能用农药和化肥，那样就和我的初衷背道而驰了。"由于种植理念不同，很多村民逐渐离开了他的农场。不过，还是有很多认可他的村民留了下来。最为关键的是那些招聘来的大学生流动性最强，FGJ 说："我们干农业有自己的兴趣、爱好和追求，但是那些招聘过来的大学生并不这样看，他看中的是这个行业赚不赚钱，能给他们带来多少收益。我们并没有多少优势，所以很多大学生来了又走了。我们公司只能常年在招聘网站上挂招聘通知。"因此，现阶段新农人团队中多元主体之间的理念和利益冲突始终是限制新农业发展的重要因素。

3. 外部配套支持没有跟上

现代农业是新型产业，因此还有很多外部不确定性因素影响产业发展。比如品牌建设、产品认证、土地保障等方面均没有获得相应支持。GHF 是一位曾经从事互联网行业的"码农"，2013 年起投身于新型农业，创办了一个生态农场，很快获得了市场认可。但是却也存在着一些限制，他本想扩大生产规模，却因为土地掣肘而无法拓展。他说："现在北京的地越来越少，我们又在通州这地儿开农场，所以我们总是担心哪天'被拆迁'。做有机农业和其他农业不同，我们需要持续地投入，我们这些地要常年上有机肥，这样土地才会越来越好，种出的蔬菜也会好吃。但是我们几个始终担心，我们好不容易把土地养肥了，万一哪天政府一拆迁或者农民毁约，我们多年付出的心血就泡汤了。"我们在调研中发现，土地的不确定性是困扰多数新农人的大难题。浙江一位新农人经营了 600 多亩土地，但是正在产业发展顺畅时，因为土地流转问题使得他的经营面临极大困境。农场负责人 ZFY 说："我当时流转了 30

户农民土地，当时全把心思放在了种植上，没注意和农户谈好土地流转的期限问题。他们看我生意越来越好，就打算收回去自己干，我一家一家地跑着去说情，但是都不管用，最后我不仅没有扩大经营，现在只剩下 200 多亩土地了。"除了土地供应方面存在的问题以外，还有税费减免、融资、保险等方面的因素均会影响到新农人的农业实践。而这些外部因素又都会影响新农人对现代农业技术的使用。现代农业技术的应用和推广看似是一个技术信息的传播问题，实际上是一个涉及多元主体、多个环节、多种因素的复杂的系统问题。任何一个因素都会影响到农业科技的转化和应用。

综上所述，新农人虽然是现代农业科技的领跑者和践行者，但是我们也要看到他们在将现代农业科技应用在实践中还存在着诸多问题。目前来看，这些问题都是掣肘新农人扩大再生产的主要障碍。其中，有一些因素是政府部门的政策配套问题，有一些是人才市场的供应问题，还有一些是新农人自身存在的问题。我们在案例选取中也发现，虽然部分新农人面临经营困境，但也有很多新农人经营有方，在现代农业科技的应用和传播中发挥了重要作用。

二、构建新农人"嵌入式整合"传播对策

新农人是现代农业的新型群体，那么如何应对新农人在农业科技传播中存在的问题，以及如何更好地发挥新农人在农业科技传播中的作用，是我们需要深入探究的问题。我们以浙江新农人为中心，并结合对全国多地新农人的调研，提出以下对策：

1. 政策体系需要扶持新农人及新型农业

新农人及其实践的新型农业的发展，是构建以新农人为核心的"嵌入式整合"农业科技传播体系的关键问题。因此国家应重点扶持这类新型农业。

比如可以在新农人的土地供应、融资税收等方面提供支持。2015 年中央一号文件《关于加大改革创新力度加快农业现代化建设的若干意见》中提出："引导土地经营权规范有序流转,创新土地流转和规模经营方式""完善对粮食生产规模经营主体的支持服务体系。"这些政策无疑给从事新型农业的新农人提供了政策支持,这是保障新农人开展新型农业的基础。只有让更多新农人加入到新型农业的实践中,才能促进现代农业科技的转化和传播。另外,政府相关部门应该加大新农人培训力度,尤其对一些经济欠发达地区的新农人给予一定的培训。调研中发现,浙江、江苏等地的新农人较中西部地区的新农人具备更加良好的外部环境,因此从事新型农业的新农人企业规模相对较大,他们之间的互相支持也较多,形成了一个共同发展的态势。很多中西部地区的新农人则显得势单力薄。因此政府部门应该扶持新农人发展,并支持他们形成互助体系,这样会更有利于新农人的整体发展。

2. 促进新农人与农业科技创新主体建立合作联盟

各类农业科技机构可与合适的新农人建立技术推广联盟,让新农人成为现代农业技术的推广人员,推动现代农业技术从实验室走向农田。同时,由于新农人既是新农业的实践主体,又是和农民接触较多的新型农业从业群体,因此可以发现和反馈现代农业技术中存在的问题。通过上节论述可知,新农人作为具有较强技术接纳能力的新型农业从业群体成为了农业从业科技创新主体与传统农民之间的"桥梁"和"中介"。我们在调研中发现,新农人在获取农业创新技术时发挥了较为主动的作用,多数情况是新农人主动寻求同农业科技创新主体合作。这种模式的优势在于可以相对有效促进农业科技的转化,但是劣势在于推广速度相对比较缓慢。部分农业科研机构负责推广的人员表示,他们虽然同部分新农人进行了合作,但是这部分人群毕竟还是少数,而且还不集中,所以合作广度不足。行政部门完全可以协调各类农业科技机构和新农人共同组成技术推广联盟,让新农人可以更有效地对接农业科技创新主体。调研发现，上海为新农人提供了多元化的现代农业科技支持体系，政府部门发挥平台作用，为现代农业从业者匹配农业科技创新主体，为他们指派科技特派员。如果合作一旦达成，政府部门就会后撤，让双方按照市场规则进行合作，最终形成联盟式的现代农业科技转化体系。现代农业科技创新主体直接对接农业科技实践主体，从而缩减了技术的转化成本，加快了现代农业科技的传播。

3. 建立新农人与传统农民科技合作支持体系

现代农业科技推广和传播环节中，除了农业科技创新主体和新农人以外，还有农业技术推广人员、新型职业农民以及传统农民等多个节点。因此，现代农业科技的传播问题，实则是"传播链"的整合问题。虽然新农人在整合现代农业科技传播链中发挥了能动性作用，但是毕竟由于关系网络、社会资本的限制，使得他们不能更好发挥核心作用。因此政府应该发挥"搭台"的作用，促使新农人与新型职业农民和传统农民"连接"起来。新农人是一个重互利的农业从业群体，构建新农人与其他农业从业者的合作支持体系，新农人就会扮演"鲶鱼"的作用，不仅推动现代农业科技的转化，同时会带动其他农业群体迅速转型。调研中我们发现，新农人群体较多的村庄中，其他农业从业群体的整体素质也偏高。新农人"以点带面"推动现代农业科技转化，促进中国农业健康发展，是一条可行之路。调研发现，很多新农人在开展现代农业实践中都不是单打独斗，都会通过建立农业合作社的方式从事新型农业。本研究案例中 1 个新农人建立的农业合作社人数，最多的达到 2 000 多人。显然，通过这种方式促使更多人加入现代农业实践，是促进现代农业科技转化和传播的有效的和快速的方式。因此，相关部门可以通过提供技术、资金的优惠政策，促使新农人建立农业合作组织，从而带动更多的传统农民转型。

4. 将新农人农场设置为"现代农业科技示范园区"

应当发挥和加强新农人面向传统农民传播现代农业科技的作用，如将新农人的农场视作现代农业技术推广站。调研发现，新农人进入农村开展农业项目以及种养殖的品种，这本身极为引人注目，他们开展的农业项目也具有"景观展示"的功能。当农民注意到农产品产出及品质时，其说服力就会增加。因此，新农人的农场兼具"小型现代农业科技示范园区"的功能，能够让农民获得眼见为实的感性认知，从而推动现代农业技术在农村地区的有效传播。无疑，新农人的现代农场是一个"连接器"，连接了新农人、现代农业技术、传统农民。这是促进现代农业科技传播的重要路径。目前，很多新农人创建的农场已经被确立为农业科技示范园区，而且已经或者正在发挥示范效应。浙江省多地将新农人农场设立为当地的现代农业技术示范园区，但还是有很多新农人的农场游离于外。未来新农人的现代农场还将会大量涌现，如果将这些农场都设置为农业科技示范园区，那么就会使更多农民接触到现代农业科技，也会加速现代农业科技的转化和传播。

5. 引导青年群体从事现代农业

从农业技术教育层面应注重引导大学生从事现代农业，并培训其相关能力。值得借鉴的是德国农业教育中的大学教育、职业教育和职能培训，三者定位不同、分工明确，为农业生产培养出了多层次、高标准、贴合实际的人才（思语，2015）。我们研究的 30 名浙江新农人中有 7 名具有农业技术和管理专业的教育背景，在其他地区调研的新农人中也存在着大量农业专业教育背景的新农人。他们同其他新农人的不同之处，在于自身具备现代农业技术知识，而且同农业创新主体之间具有展开良好沟通的基础，因此他们更注重新技术的应用。未来这些具有农业技术和管理专业教育背景的新农人将会在现代农业转型中承担更多责任，也是未来中国现代农业发展的中坚力量。他们不仅解决了谁来种地的问题，而且解决了如何种好地的问题。

总之，新农人作为新型农业实践群体，将成为现代农业科技转化的重要承载主体和传播中介。我们在调研中已经发现了新农人在农业科技传播"打通最后一公里"中所发挥的作用。目前，新农人数量正在迅速增长。随着国家政策的扶持，还会有大量有知识、有文化、懂技术的青年群体投身于新农业中，推动现代农业科技的转化和传播。

第四章　上海：都市现代农业 "共同主体" 式的科技传播

　　上海市农业生产的情况与江苏、浙江等地有着明显的差异。作为全国经济发展水平最高的城市之一，上海的农业经济生产在经济总量中的比重不足1%，但凭借上海市的优势条件，具备了发展都市现代农业的多重优势。正因如此，2010 年 "上海市浦东新区国家现代农业示范区" 被农业部认定为 "第一批国家现代农业示范区"。与之同期批准的，还有长三角地区的 "江苏省昆山市国家现代农业示范区" "江苏省铜山县国家现代农业示范区" "浙江省平湖市国家现代农业示范区" 以及 "浙江省诸暨市国家现代农业示范区" 等（中华人民共和国农业农村部，2010）。2015 年 1 月，上海市被农业部认定为 "首批省级国家现代农业示范区"，在都市现代农业的发展上又向前迈进了一步。

　　近年来，上海市积极推进农村改革，在土地承包制度、农村集体经济组织产权制度等政策实施上，取得了一定的成果。全市农业整体上处于一个相对稳定的前进状态。仅以 2015 年为例，该市全年粮食播种面积为 243 万亩，粮食总产量达到 22.4 亿斤。其中，水稻种植面积 146.7 万亩，单产实现七年连创历史新高，每亩达到 573.2 公斤；大小麦种植 55 万亩；绿肥种植 45 万亩。2015 年累计完成蔬菜播种面积 161.6 万亩次，全年蔬菜上市量 305.6 万吨，其中绿叶菜 150.7 万吨[①]。在上海的浦东、崇明、闵行、松江等地，各类

---

① 数据来源：上海市地方志办公室官网。

农业生产专业合作社、家庭农场①、现代农业示范园区等，这些数字也表明，上海市整体农业发展水平正逐步向都市农业靠拢。

此背景下，本书该部分将重点思考以下具体问题：上海都市现代农业发展有着怎样的鲜明特性；上海都市现代农业的科技传播目前处于何种状态；与以往的农业科技传播方式相比，当前上海的农业科技传播模式是怎样的；在农业科技传播的"传—受"二元关系中，传播者和受传者分别处于怎样的地位。将这些问题并置到一起来看，本章试图回答的核心问题便是：发展都市现代农业的上海市，究竟是如何解决农业科技传播中的"最后一公里"问题的？

第一节　都市现代农业的发展及其科技传播诉求

"都市农业"思想最初萌芽于19世纪的德国，但作为一个明确的名词，它首先出现于20世纪30年代日本的《大阪府农会报》。德国、日本和俄罗斯是最初践行"都市农业"发展理念的国家，美国学术界对"都市农业"的关注则是在1950年代。目前，在日本、德国、荷兰等国家，都市农业都颇具特色。

一、关于"都市现代农业"

何为"都市农业"？对该问题的回答，可谓众说纷纭。因为"都市农业"作为一种现代农业发展理念，并不是一个严格而抽象的逻辑概念，而是一个在实践中被奉行的探索方向。各个国家或地区在发展都市现代农业时，往往

---

① 家庭农场通常被理解为是以家庭成员为主要劳动力，从事农业规模化、集约化、商品化生产经营，并以农业收入为家庭主要收入来源的新型农业经营主体。

需要依据当时当地的农业生产环境和城市发展特色，找出适合自身环境的都市农业发展模式。不同区域对何为"都市农业"的问题给出了不同的答案。譬如，1930 年的《大阪府农会报》将都市农业简单理解为"以易腐烂而又不耐贮存的蔬菜生产为主，同时又有鲜奶、花卉等多种农畜产品生产经营的农业"。但是在 1935 年，日本学者青鹿四郎又重新定义了该名词，认为它是指"分布在都市工商业区、住宅区等区域内，或者是分布在都市外围的特殊形态的农业。即在这些区域内的农业组织依附于都市经济，直接受都市经济势力的影响。主要经营奶、鸡、鱼、观赏植物、鲜菜、果树等，专业化生产程度较高，同时又包括稻、麦、畜牧、水产等的复合经营"（俞菊生，2002：4）。此后，国内外一大批学者都曾从不同的视角出发，对"都市农业"进行了阐发。

目前，国外对都市现代农业的一般理解是"在城镇或城市郊区生产、加工和分配农产品的过程"，而国内学者偏向于"从地域经济概念来定义都市农业，并将其作为都市中的某一产业来分析"（李卫芳，2011）。

本书认为，都市农业是一个阶段性和地域性的概念，它是一种"随经济、科技、社会进步而发展的农业"（俞菊生，2002），不能一概而论。目前，学术界普遍认同的是世界粮食与农业组织（FAO，Food and Agriculture Organization）对"都市农业"的定义：它是存在于城市范围内或靠近城市地区，以为居民提供优质、安全的农产品和优美和谐的生态环境为目的的区域性、局部性农业种植（孙艺冰、张玉坤，2014）。从产业构成上看，都市农业一般包括都市园艺、都市养殖、都市农产品加工、都市休闲旅游以及都市农业服务等几个相对完善的体系（詹慧龙等，2015）。

当前，国际上的都市现代农业大体有以下较为突出的发展模式：日本的都市农业已经发展出 3 种较为典型的门类，即"观光型农业"（农业参观游览）"设施型农业"（现代化农业设施支撑）和"特色型农业"（有特色的农副产品生产基地）；德国的都市农业从 20 世纪 50 年代开始就建立了"市民农园"

体制，不过其初期的宗旨是为都市居民提供农产品，现在已经转变成为让都市居民体验农园生活的一种方式；新加坡的都市农业主要采取集约型农业科技园和农业生物科技园相结合的方式，前者以科技助推农业生产，后者则主要从事农业科技研发；荷兰都市农业则主要走工厂化、专业化、自动化和产业化道路，强调农业生产与社会环境和自然环境的和谐统一；美国的都市农业在 1970 年前后渐趋成熟，以市民农园为主，市民农园的经营者和城市居民共同从事生产经营活动，形成利益共同体，通过打造稳固销售渠道，为周边市民提供质优价廉的农产品（李娜、谢新松，2015；王景红，2012）。

二、上海都市农业及其科技诉求

我国都市农业大致起步于 20 世纪 90 年代，距今已发展 20 多年。首先"试水"的城市主要是北京、上海、深圳等，现已逐步蔓延至天津、广州、武汉、青岛、郑州、南京等地，整体上形塑了我国未来农业发展的一个可能方向。

1998 年，上海市委六届四次全会和上海市人大十届四次会议就曾明确指出，未来上海市农业发展的基本方向是促进城郊型农业向都市型农业转变。上海都市农业的发展也由此正式拉开序幕。经过近 20 年的发展，上海的都市农业基本形成了"五区十带"网状空间格局，"五区"是指崇明三岛绿色优质农产品生产片区、杭州湾北岸粮菜及特色瓜果生产片区、黄浦江上游地区"三水"农业片区、沪北远郊菜粮设施化生产片区和环城都市田园农业发展片区，"十带"则是指市中心通往 10 个区县快速干道两侧的都市农业展示示范带（詹慧龙等，2015）。整体上看，"上海通过推进都市农业发展，不仅提高了农民收入水平，改善了农村面貌，促进了农业现代化发展，而且也为市民提供了高质量的产品、相对稳定农产品价格，为市民提供了绿色的景观与休闲场所，为城市提供了生态屏障"（顾海英，2016）。

然而，邓楚雄等人 2010 年发布的研究报告显示，"人口子系统已逐步成为阻碍都市农业可持续发展的主要因素之一"，"农地资源短缺且持续减少，制约着都市农业可持续发展能力的提高；农业生产自身污染负荷较重，影响着都市农业可持续发展能力的全面提升"（邓楚雄等，2010）。据此可以看出，不断增长的市民人口逐步影响了上海都市农业的进一步发展，而持续减少的农村土地资源以及农业生产本身的污染负荷，则成为了制约上海都市农业全面提升的关键因素。

如何有效缓解与解决上述发展难题？这当中，通过提升农业科技发展水平，加速农业科技传播和推广，提升农民科学素养，是颇为关键的方法。无论是面对新型城镇化的农村发展趋势，还是探索都市现代农业的长效机制，"农业科技"在当中都占据着尤为核心的地位。这一点，已成为现代农人和当代学人的共识。俞菊生等人即表示，为全面提升上海都市农业发展，"上海应抓住国家农业科技创新体系建设的契机，按农业科技自身发展规律和现代都市农业、农村的时代需求，确立国际化、前瞻性的农业科技创新体系"（俞菊生等，2013）。

进一步看，"农业科技创新"和"农业科技传播"成为了助推都市农业现代化发展的两个关键的科技因素。不过，在农业科技工作中，人们往往将视线聚焦在了"创新"的维度上，而相对忽视了"推广"工作。这一点，在围绕上海农业科技的相关研究中，表现得格外明显。譬如，上海市目前已经开始推行农业产学研一体化的农业科技创新布局（刘刚、罗强，2015），而学界对农业科技的创新路径也有着颇多探讨（张晨，2013；张占耕，2015；俞菊生等，2013；罗强等，2014）。与之相对，农业科技信息的推广与传播反而未能较多地进入学界视野。故此，立足于本书对上海市崇明等区域的农业调研基础，笔者接下来的叙述，将重点关注上海市农业科技传播的历史与变化，并竭力探寻当前上海农业科技传播的基本模式及其特征①。

第二节　传者定位调整：政府引导下的专家式推广

搁置当前各类"文化研究"路径下对"传播"定义的多维阐释②，在"农业科技传播"研究中，哈罗德·拉斯维尔（Harold Lasswell）的"5W 模式"③，依然是值得效法的切入口。在拉斯维尔模式中，传者与受者构成了两大参与主体。在传统的科技传播活动中，传、受双方是固定的。借此，从传、受双方在农业科技推广中角色、定位、功能以及决策力等层面的变化出发，勾勒上海农业科技推广的基本特性，是此处展开论述的主要思路。本节首先讨论通常被认为是传播者的那部分参与者。

一、上海农业科技传播中的专家导向

在最传统的由行政主导下的公益性农技推广模式中，对农传播者主要是专门的推广人员。毫无疑问，"活跃在农业科技推广第一线的推广人员是我国

① 研究期间，我们曾对上海崇明、浦东等多个区县的农村、农业示范基地以及农业生产合作社等进行了实地走访调研，同时对上海市农委的多位科技推广工作人员进行了深度访谈。文中使用的部分访谈资料、研究数据及农业现状的描述等皆源于此。在此，向支持本书调研工作的相关人员表示谢意。

② 典型的代表是詹姆斯·W. 凯瑞（James W. Carey），他曾总结出传播的两种观念，分别是"传递观"和"仪式观"，试图发掘"传播"研究的深层张力。可参见〔美〕詹姆斯·凯瑞著，丁未译：《作为文化的传播》，华夏出版社，2005 年，第 4–7 页。

③ 拉斯维尔于 1948 年论文中首次提出了构成传播过程的五种基本要素，它们分别是传播者、受播者、传播媒介、传播内容以及传播效果。尽管该模式已受到传播理论研究的多重冲击，但它对于我们理解传统意义上的沟通活动，如农业科技推广，仍是适用的。

农业科技推广的主力军"(胡乐琴、汤国辉，2006)。

此种科技传播方式，目前仍广泛存在于我国多数地区，包括上海。尽管传统农技推广体系由政府直接主导，有着政策、制度等硬性保障，但它的发展弊端也一步步暴露出来。较为突出的弊病主要有两点。一是推广内容可能存在脱节与偏差的问题。农技推广员本身需要不断地接受培训，他们是最新的农业技术的直接接受者，但却并不是直接的农业生产者，这就容易导致技术推广中的脱节，农业技术推广的效度较低，"许多基层的农业技术推广站服务功能丧失，形同虚设"(李岗生、祁芳，2016)。二是农技推广系统的建设问题。包括上海在内的国内多地的传统农技推广模式在队伍建设、经费支持上出现了困境。据上海市农委的工作人员 ZSP 介绍，当前上海农技推广队伍的基层推广人员数量在 1 500～1 600 位，且年龄逐年偏高，年轻推广员比例日益降低。尽管上海市会组织农技推广人员招考，但报考的年轻人很少，且这种局面在短期内很难有明显改观，人员队伍难以得到有效补充[①]。在此之外，囿于薪酬制度及工作难度等因素，现有农技推广人员的工作热情很难被调动起来。农技推广人员的动员困境，已经构成了此种传播模式面临的一个"老大难"问题。

面对此景，上海市在充分考虑地区社会发展特性的基础上，重新调整了包括政府、科研院所以及具体农业科技专家在内的传播主体的角色，整体确立了自上而下传播过程中的"专家导向"趋势。在这个过程中，政府主体承担的是维系整个传播活动的"牵线人"的角色，各类科研机构扮演的是技术攻关的"守望者"角色，而具体的农业科技专家则成为直接沟通新型农民的"接头人"。

上海市对传者主体的角色调整，有着多重现实因素的考量：

首先，这一调整考虑到了上海市的经济发展水平及农业产业的发展现实。

---

① 据访谈笔记整理而成。

显而易见的是，作为国内整体经济发展水平最高的城市之一，上海市有着足够的经济能力支撑当地的农业生产提高科技水平，无论是在技术的创新层面还是推广层面，都是如此。这就确保了各类"专家"有足够的动力充分介入农业科技传播的过程当中。

其次，正如前文所说，上海较早便确立了都市现代农业的第一产业发展线路。目前，上海都市现代农业至少囊括了组织化、规模化、科技化、知识化、专业化和市场化几个核心特性①。这当中，科技化与知识化的农业特性已经内在地提升了"专家"在整个生产过程的关键地位。换句话说，深度开展都市现代农业必然要将农业生产经营者与农业科技专家紧密结合到一起。

最后，上海市农业产业的生产比重与区域分布使得全方位开展"专家导向"式的科技推广活动成为可能。不足 1%的生产总值以及条带式、定点式的经营方式，让上海农业科技专家能够与各类新型农业生产经营主体保持点对点、面对面的沟通。各类农业示范园区、农业生产合作社都能够找到相应生产领域的农业技术专家，进行长效、实时的技术互动。这一点，在长三角地区的江苏省或浙江省，是难以全方位实现的。因为，江、浙两省农业生产覆盖面较广，苏南与苏北、浙南与浙北等同省份内的农业生产方式还存在着较大差异。正如 ZSP 等人所介绍的那样，"上海市毕竟整体面积不大，市级专家队伍可以在一天之内到达全市各个地方并开展农业指导工作，这是江、浙等地并不具备的优势。"②

可以大体认定，上海市"专家导向"式的农业科技传播模式，是由上海当地的区域农业发展环境决定的，它本身也构成了该市农业科技传播的一大鲜明特色。

---

① 引自上海市郊区经济促进会等编的未公开出版资料，由上海市农委提供，下同。

② 摘自访谈笔记。上海市农委工作人员 ZSP，以及下文提及的 HLQ 等，都表达了这一看法。

　　当然，这并不是说农业科技专家关键性作用的发挥，在江、浙两省完全不存在。恰恰相反，无论是江苏省还是浙江省，乃至其他省市，都越来越强调"专家直接参与"在整个农业科技传播中的核心作用，譬如河北省（李岗生、祁芳，2016）。此处强调的是，与这些地区相比，上海市有着较明显的差异性与典型性：

　　第一，"专家导向"几乎覆盖了整个上海市的新型农业生产经营点，这是许多其他地方并不具备的发展水平，很多省市目前仍处于摸索的阶段；第二，上海的"专家导向"不是农业科技推广的一种"补充"方式，而是"支柱"方式。在国内的其他区域，这一点也未能完全实现。就此而言，上海农业科技推广中的传者主体、"专家导向"优势的确立，对全国其他省市来说，是一个明确的典型或标杆。

　　上海"专家导向"式推广的核心特征，是全方位地促成农业科技专家与农产生产者直接连接到一起，实现淡化中间环节、保证传播实效的最终目的。要做到这一点，首先就要组织一支专家队伍，促使其与各区县的农业生产经营主体进行对接。目前，上海市农业科学院、上海交通大学、上海海洋大学等科研院所和高校的相关人员已经构成了一支专家队伍，他们分别与不同的农业示范园区、农业生产合作社等建立了定点合作指导关系，下文将对此展开更深入的讨论。

　　值得注意的是，上海市农业科技传播的"专家导向"思维已经渗透到了科技推广的各个环节。作为全国农业系统公益服务统一专用号码，上海市的市级"三农"信息服务热线的接线员们，也是由一批农业科技专家组成的。目前，该服务热线已经建立了"退休坐堂专家、联办单位在职专家、区县分中心在职专家三级专家队伍。其中退休坐堂专家 14 位，联办单位在职专家 85 位，区县分中心在职专家 163 位"（邵启良，2015：175）。ZSP 表示：

　　一些有意愿加入接线专员队伍的专家，很多都是退休人员，他们了解现实的生产问题，在接线中能够直接解答农民提出的问题，减少了在以往接线咨询过程中存在的沟通不对应的状况。[①]

　　专家接线队伍的确立，提升了上海"三农"信息服务热线的服务实效。截至 2014 年 6 月底，该热线已累计服务达 200 多万人次。一些接线专家还受邀走进田间地头，直接帮助农民诊断种养殖难题。

二、政府"牵线人"角色的确立

　　"专家式"推广模式的确立，改变了当地政府部门在农业科技传播中的角色定位。在相对传统的"五级农技推广"模式中，政府部门更多承担了科技传播的组织者或直接推广者的角色，而在"专家式"推广模式中，政府主要扮演"牵线人"的角色。此种形势下，政府逐渐淡化了对传播活动的直接介入，转而将工作重心放在了努力促成更多传播关系方面。换句话说，上海市农委等农业政府机构，试图消除农业科技专家与一线农业生产经营者之间的沟通障碍，实现两者之间的直接互动，真正做到面对面交流、精准传播。

　　经政府部门牵线，上海市一批科研院所和高校的农业科技专家组成了一支专家队伍，他们与各区县的农业示范园区、农业生产合作社、各类种植养殖基地以及家庭农场等生产单位，建立了"点到点"的合作指导关系。如，上海春润水产养殖专业合作社便与上海海洋大学建立了紧密的技术对接关系，上海瀛西果蔬专业合作社则与上海市农业科学院直接对接。

　　上海市农委专门负责农业科技推广工作的 HLQ 认为：

---

①　摘自访谈笔记。

我们（市级农业政府机构）的主要任务就是和区县（区、县级农业政府机构）一起，帮助农民找到自己想找的科技专家，让他们自己去沟通。在这个过程中，我们其实只是一个沟通双方的桥梁。①

HLQ 所说的这种"桥梁"作用，已经揭示了政府机构角色转变的本质。当农业科技知识的持有者与农业科技知识的需求者能够完全实现无障碍沟通，政府的工作重心便转化为如何保障这种无障碍沟通方式的长期维持了。

扮演"牵线人"角色的政府农业机构，在该过程中承担了三项重心工作：

第一，格外重视"市一级"专家队伍的核心作用，强调其与农业发展需求的直接对接。由上海市农委等机构牵线，将上海相关农业科研机构、涉农高校的专家学者集结到一起，构成一支市级专家队伍。由于上海市的整个城市面积和农业生产面积都相对有限，这支专家队伍能够在一天之内到上海任何农业种植养殖的地方。在农业科技的传播中，政府始终强调"市级专家"与"区县农业"的直接对应关系。正如 HLQ 所说，"一些区县主要以种植桃子为主，另一些则以种植草莓为主。这时候，我们就需要有意引导相关作物研究专家参与到当地的农业种植过程中去；或者在当地成立示范基地，直接与专家对接。"而对于专家自身来说，他们往往也比较愿意做这件事，因为直接深入基地，给他们的科学研究工作提供了相对丰富的实践机遇。

第二，将市级专家和区县基层推广人员，尤其是青年推广人员结合到一起，实现"市级专家—区县推广员—农业生产者"的辐射效应。这一举措，为的是真正解决农业科技传播的"最后一公里"问题。市级农业科技专家往往与区县农业生产的示范基地或部分种植养殖大户直接对接，帮助其解决生产中存在的科技难题。而对于特定区县更为分散的农业生产者来说，解决农业科技传播问题依然要依赖基层农技推广人员。为此，政府部门还有意促成

---

① 摘自访谈笔记。

市级专家与区县青年农技推广员的第二层对接关系，将 "专家式" 推广与传统的农技推广结合到一起。具体而言，部分区县推广员长期伴同市级专家直接走进农业生产现场，既发挥沟通作用，更发挥桥梁作用。在专家的直接带动下，逐步提升推广人员对当地特色农业生产方式的技术水平认知，进而发挥纽带效应，将这些知识传播到更为分散的农户那里。专门负责此项工作的人员指出，"与专家直接对接的区县推广员在整个推广队伍中，都是比较年轻的，他们一般在 30～40 岁之间，思维活络，学习能力比较强，成长速度也比较快。" 目前，每个区县都至少有 1～2 名的青年农技推广员与市级专家有着紧密的合作关系，整个区县的农技推广队伍也由此逐步参与到了 "专家式" 推广的环节之中。

第三，对农业科技专家或其所在的科研院所进行项目支持。走进生产一线的专家队伍并不向区县农业生产者收取任何费用，二者之间没有明显的商业交换关系。我们实地走访的多个农业种植养殖生产基地，都印证了这一事实。因此，要保证上述专家对接关系的稳步存在，政府部门理应对专家队伍予以必要的支持和鼓励。这一方面是为了保证专家队伍的基本利益，另一方面也是调动专家队伍积极性。目前，在上海市，政府部门往往给科研专家或其所在的科研单位予以项目支持或专门的经费支持，以此充分调动专家的积极性。

三、作为 "接头人" 的农业科技专家

在政府确立了其 "牵线人" 角色的同时，农业科技专家作为 "接头人" 的角色也被同时确立了。早期，农业科技专家往往会被视为是农业科技知识的生产者、研究者。在整个农业科技工作中，他们更多承担了技术创新层面的任务，而非直接面对技术传播层面的任务。以 2014 年为例，该年度上海市共立项科技兴农项目 126 个，其中技术攻关类课题便有 36 个，课题经费

达 7 834 万元。这些项目的开展，自然离不开专家学者的创新和努力（邵启良，2015：3）。然而当专家本身被置于推广传播的关键位置之后，农业专家便增添了一重传播者的身份。

科技专家此番身份角色的转变，对农业科技传播中的各类参与主体而言，都带来较为明显的好处。前文已简略提及，此处不妨详述。

首先，对农业生产经营者来说，农业专家的直接对接确保了科技信息传播的及时和高效。农委工作人员指出，在上海市目前所搭建的农业科技传播架构中，农业生产者联系专家咨询意见，通常都会在 24 小时内得到回复。这就保障了信息沟通的时效性。此外，专家作为"接头人"的更明显的优势，在于其能够直接解答农民的生产难题，实现精准传播。如前所述，政府部门在引导专家与区县的对接指导时，主要根据当地不同的农业生产经营模式加以不同的引导。譬如，种植猕猴桃和种植草莓的区县，对接的专家是不同的。另外，区县的农业生产者或政府农业工作人员，同样可以向市级单位提出自己的明确诉求，再经由市农委等政府机构与科研院所取得联系，确保科技对接的精准性。

其次，对区县推广队伍建设而言，专家的介入提升了基层农技推广人员的技术水平与工作热情。前已论及，科技专家与农业生产区县的对接，主要包括两个层面。一是与区县具体农业生产基地、农业示范园区或种植养殖大户等大型生产者的对接，二是与各区县基层农技推广人员的对接。后一种对接方式，是在培育新的农业科技传播者。现今，各区县的对接推广人员已经成为各个推广条线上的骨干成员，带动了区县当地农技推广队伍的建设。对于更加分散的农业科技需求来说，公益性的农技推广体系依然发挥着较为基础的作用。充分发掘专家的角色功能，也是健全和完善基层推广体系的重要方式之一。

最后，直接介入农业科技传播环境，将有益于农业科技专家更好地把握当地农业生产的实际情况，展开针对性的科学研究或技术创新。调研表明，科研院所的农业科技专家大多十分愿意承担作为"接头人"的科技传播者角色。他们与农业生产者之间，不仅构成一种技术上的传播与接受关系，更构成了一种共同推进技术创新的新型合作关系。位于上海崇明地区的春润水产养殖合作社，便辟有专门的农业试验田，来自上海海洋大学、上海农业科学院等单位的农业专家经常与该合作社的工作人员一起，拓展水产养殖和水稻种植的新路径。换句话说，传播与创新是科技农业相辅相成的两个基本环节，了解传播困境与种植养殖技术难题的科技创新工作无疑更加契合当地的农业生产需求。

可以看到，在上海现代都市农业的科技传播活动中，"专家式"推广模式已经构成了其中最为关键的一环。受此影响，通常被视为传者一方的政府、科研院所及其专家等，不断调整着自身的身份角色，而既有的公益性农业科技推广体系也与这类推广方式联系到一起，改变着原有的传播活动。毋庸置疑的是，这类主体在整个科技传播活动中依然占据着核心的地位，与数十年之前的情形并无不同。改变了的，只是它们的角色和功能。

第三节 受者作用的凸显：都市农业被激发的科技需求

与传统意义上的传播者相比，直接的农业生产经营者，如村庄的农民或现代化生产合作社当中的新农人、农场主等，往往会被看成是农业科技传播中的受传者。在上海的现代农业推广体系中，不仅传播者的行动发生了明显变化，受传者同样如此。都市现代农业的生产经营者们，对科技信息的需求更加迫切。与早期印象中的被动接受者角色不同，现代新农人往往是科技信息的主动追寻者。这一变化的实现，既与城镇化、都市化的农业生产背景有关，也与经过了新型农业培训农民的科技素养得到提升有关。

一、都市现代农业对农民科技水平的要求

在人均耕地仅 0.12 亩、人均水资源仅 89 立方米的上海市开展都市现代农业，离不开科技的助力。"面对资源条件的约束，以及城乡一体化进程的加快，农业的发展空间进一步缩小。要提高资源利用率、土地产出率、劳动生产率……上海农业现代化的发展必须更加依靠科技的支撑作用"（吴爱中，2013）。就此而言，早在 20 世纪 90 年代便确立都市现代农业发展线路的上海，势必要日益强化科技本身在农业生产中的中坚作用。而这种强化，本质上是由当地农业产业性质决定的，它要求农业生产的多个环节都必须彰显农业科技的核心支撑作用。

典型表现是政府加大了应用于生产过程中的农业科技的财政支持力度。举例而言，上海郊区的蔬菜农业生产，既是当地至关重要的"菜园子"工程，也是都市现代农业发展的重要组成部分。经由市农委等倡议，上海市在郊区蔬菜生产的菜田设施建设、生产设施装备、技术体系支撑等层面有着较大投入。早在 2011 年，市农委就专门"启动了绿叶菜产业技术支撑建设项目，连续五年每年提供 500 余万元专项资金"（孙雷，2012）。

一面是产业结构的技术需求，另一面是农业政策的技术导向，当二者与农业生产者的经营管理结合到一起的时候，便对农业生产者，即广大农民本身，提出了较高的技术要求。

40 岁左右的 SQ，是上海崇明地区一个土生土长的农民。初次见到她的时候，她正在自家的猕猴桃园里，带着一帮农民给刚刚挂果的猕猴桃树剪枝。从外表上看，带着大草帽、着装十分朴素且笑声爽朗的 SQ，与全国各地的任何一个女性农民没有什么明显的差异。然而，当课题组成员与 SQ 进行深度交谈时，她对农业生产经营以及农业科技水平的把握，还是远远超乎了我们

的想象。在 SQ 的讲述中，对于"光合作用""土壤湿度""叶片特征"等专业化的技术名词和生产概念，都有着十分精准的把握和理解。

整体上看，SQ 经营着崇明地区一家规模中等的果蔬生产合作社，主要种植猕猴桃、桃子、火龙果等多种农作物品种，其中光猕猴桃就有 4 个不同的品种。除此之外，她还经营着一家水稻生产基地，种植面积达 3 000 亩①。SQ 经营的猕猴桃果园以采摘为主，需要常年保持生产状态，是一种较为典型的农业生产结合观光休闲的都市现代农业运作方式。2015 年，SQ 的猕猴桃果园被评为上海市第一家猕猴桃生产经营示范基地，总体经营状况颇佳。对猕猴桃种植技术，SQ 可谓是如数家珍：

> 在很长一段时间里，我们都以为猕猴桃在崇明地区是无法种植的。后来经过品种引进与改造，崇明的猕猴桃种植越来越多。猕猴桃对科技的整体要求并不那么突出，但由于树木的叶片结构比较特别，它对土壤的湿度和整个环境的温度有着较为特别的要求。②

系统、专业的种植技术，娴熟、全面的科技介绍，体现了 SQ 对于农业科技知识的良好把握。而此间的驱动力，则主要来自两个方面。

其一，是政策的导向与扶持。据 SQ 的自我介绍，最初，她对于猕猴桃种植技术完全不了解。后来在政府的牵线搭桥下，她的合作社与上海市农科院建立了密切的对接关系。此后，从品种选择到施肥剪枝，从土壤湿度到温度环境控制，整个种植技术手段都是由农科院，尤其是果林研究所的专家直接指导。频繁的双向互动，使得 SQ 逐渐成为了猕猴桃种植的"准专家"。现

---

① 尽管 SQ 经营了 3 000 亩水稻，不过，她很清楚地告诉我们，水稻"是没有什么技术含量的，比较普遍，主要依靠的是机械化和规模化经营"。正因如此，我们并未就 SQ 的水稻生产问题进行过多的访谈。不过，在下文 SH 的水稻生产经营理念中，却呈现出另一番景象，二者之间可以进行较为明显的对比，此处先行提出该现象，提醒读者注意。

② 摘自访谈笔记。

在 SQ 依然会时常向农科院专家请教，他们也经常会到 SQ 的合作社进行走访观察，提供技术支持。特别是果林研究所的相关教授们，早已成为合作社的常客，但凡遇到技术难题，他们总会第一时间出现在这里。

其二，是来自市场的压力。作为都市现代农业的一部分，采摘型猕猴桃的种植，关乎着整个合作社全年的经济收益，而它又对科技知识水平，提出了更高的要求。因此，与都市农业种植相匹配的市场层面的驱动力，同样促使农业生产者更加重视科技知识。SQ 向我们提供的一个案例，颇具代表性。在猕猴桃的诸多品种中，"红心"猕猴桃不仅颜色好看，更有独特的营养价值。然而，在崇明地区种植这一品种，却有着更加严苛的技术要求。有一家崇明猕猴桃种植户不了解这一点，曾将该品种露天种植，最终损失惨重。

在都市现代农业的整体导向下，上海市的农业产业结构逐步转型，无论是从种植规模、种植类型还是种植模式上看，它都对农民的整体科技水平提出了更高的要求，促使着传统农民不断向新型农民转型。

二、新型职业农民科技素养的提升

由各级政府所引导的新型职业农民培训，目前在全国各地都如火如荼地进行着。这种培训激发了农民自身对科技知识的需求，不断提升着农民整体的科技素养水平。据"中国新型职业农民网"的相关资料显示，包括安徽、湖南、吉林、山东、河北等地在内的全国各大省市，都在持续开展此项农民培训工作，培训力度、规范程度、教育系统性等逐年提升。这一点，上海市也不例外，并且更为出色。2017 年 5 月，农业部发布了《关于公布首批全国新型职业农民培育示范基地名单的通知》[农科（教育）函〔2017〕第 153 号]文件，上海市农业广播电视学校新型职业农民培育基地便是其中一个。上文提及的 SQ，也是出自这个培育基地的新型职业农民、青年农场主。

在新型职业农民培训工作中，科技素养的提升是一项重头工作。在农业部农民科技教育培训中心 2017 年发布的《全国新型职业农民培育推荐教材目录（2017 年）》文件中，公开评价遴选出了 169 种推荐教材，其中包括 145 种汉语教材和 24 种维语教材。在 145 种汉语教材中，除去 2 种综合课程教材以及 21 种专题课程教材外，另外的 122 种教材均是关于具体的种植养殖产业的农业科技知识培训教材。上海市农业技术推广服务中心组编的《上海市粮油作物病虫草害防治技术》（中国农业出版社 2015 年出版）也是该目录的推荐教材之一。

2011 年上海市政府办公厅提出，在合作社登记过程中，要将"农民"的概念认定从"身份界定"向"职业界定"扩展，有力推动了新型职业农民的诞生。截至 2015 年年底，上海市有农业龙头企业 386 家，涉及种植、畜牧、水产、林特产等多个农业生产门类；同时，全市通过工商部门年度报备的农民专业合作社为 6 302 家，具有一定经营规模的合作社也已经达到了 3 216 家。自 2013 年起，上海还在全市推广"家庭农场"模式，目前全市累计发展家庭农场达 3 829 户，其中粮食生产家庭农场已有 3 555 户（姚丽萍，2016）。在此种政策导向下发展的上海现代农业，对农民的科技水平提出了更高的要求。特别将"农民"一词从身份概念转而认定为职业概念，更是凸显了"农业生产职业技能"和"农业生产职业水平"对于农民的重要性，科技文化素养日渐成为评判一个上海农业生产经营者能否被称为农民的重要考量标准。

早在 2013 年，上海市委农办、市农委副主任曾专门发文指出，上海应当"紧紧围绕现代农业发展，以培养新型职业农民为重点开展培训"，要在"完善政府主导的培训机制"的前提下，"借鉴韩国、德国等国家的经验"，实现"进一步改进教育培训模式"（邵林初，2013）。落实到各区县单位，新型职业农民培训工作很快便开展了起来。仅 2013～2014 年两年时间里，浦东新区农业广播电视学校"共计培训 655 名学员，取得培训合格证书 627 名，取得新型职业农民证书 604 名"（宋玲芳等，2014）。与之类似，奉贤区农广校自 2014 年启动新型职业农民培育试点工作以来，探索了适合农民教学体系的农民培训"微课堂"和"宣传大篷车"巡回下乡等形式（钟慧玲、朱峰，2016），努力将农业科技知识真正送到"最后一公里"，提升农民科技素养。

2015 年 6 月，上海市正式启动了青年农场主培育计划，前文的 SQ 便是接受过此项培训的"青年农场主"。该计划的培训周期较之一般的职业农民培训，时间更长，达到 3 年。上海市农业广播电视学校承担了此次培训任务。针对受训学员的知识需求和文化特征，学校为他们量身定制了培训方案，力图实现"精准定位培训需求点，使培训过程以问题为导向，达到解决问题的目的"（费强等，2016）。

坚持不懈地开展新型职业农民培训，是当前上海市提升农民科技素养的最关键一环。即便是受过专业农学训练的大学生，在面对农业生产中的实际难题时，依然需要接受新的知识技能指导。今年 35 岁的刘永军是上海绿椰农业种植专业合作社理事长。尽管他是农学本科出生，但在合作社建设初期，实地建设，他依然是门外汉，需要摸着石头过河。在此情形下，接受职业培训显得格外迫切（张瑞琴，2017）。值得强调的是，此类培训不仅向农民"灌输"了科技知识，更关键的意义还在于，它逐步打开了农民的认知视野，在潜移默化中有助于将农民从一个农业科技知识的"被动接受者"，慢慢转变为"主动获取者"，从而使传、受双方能够展开良性的知识互动。

三、现代农业生产者对科技的主动需求

与传统农业生产者相比，现代农业的新型生产经营者，在农业科技知识方面有着更为强烈的主动诉求。职业农民不再只是一个屈居链条末端的、等待被激活的"受传者"，恰恰相反，他们开始成为催动整个传播链条有序运转的一股原动力。都市现代农业的科技传播，逐步转变成以"受众（农民）"需求为基本导向的良性传播结构。一批现代新型农业生产者不仅了解农业科技，更对科技知识有着旺盛的需求。这种需求，至少有以下几个层面的具体表现。

其一，主动学习农业科技知识。互联网带来了开放的知识空间，微信、微博等社交化媒体平台更铸造了知识获取的多元渠道。我们访问的多位新型职业农民，都对网络知识资源情有独钟。他们积极地在互联网上寻求销售渠道、科技知识、农业资讯等信息，颇为娴熟。前文果蔬生产合作社的 SQ 直白地表示："平时有空的时候，总要上网看看。网络上的东西很多，关于我们果园种植的猕猴桃等品种，网上都有不少新的信息，多看看总会有收获。"安徽等地的调查也印证了这一说法。一些新型农民不仅时常"光顾"农业资讯网站，他们还组建了自己的微信群或 QQ 群，群里讨论的内容时常会涉及具体农业生产中遇见的各类技术问题，且这类社交群的活跃度相对较高。此外，主动学习的另一种表现，就是实地调研。对于农业生产经营来说，切实的成功案例对于农业科技的推广示范作用尤其显著。一方面，相关政府部门曾带头组织新型农民到外省市乃至国外进行调研学习，颇受农民响应；另一方面，部分农民开始自费到海内外进行专项考察学习，汲取他人的先进经验。访谈发现，一些猕猴桃、火龙果种植者，都曾主动去往新西兰、中国台湾等地，开展实地调研。

我们认为，在当代信息技术和交通条件下，农民主动外出学习的成本已经大为降低。一旦其农业科技素养有了较大的提升，主动学习将成为推动农业科技传播体系不断健全的一项至为关键的推动力，这对重构传统的行政式农业技术推广模式，有着重要意义。它表明，农民有可能成为整个传播行为的主动发起者，而不是被动接受者。而在上海市，这类改变已经逐步发生了。

其二，主动寻求农业科技帮助。现代都市农业的发展，必然要求农业生产科技水平的提升。无论是受到政策的感召，还是受到市场的驱动，上海市新型职业农民都不得不直面技术问题，主动寻求科技帮助。经过政府的"牵线搭桥"，农民与科技专家形成了良性的对接关系，当农民遇到种植养殖难题时，科技专家总会在第一时间被邀请过来，协助解决问题。上海皇母蟠桃专业合作社成立于 2005 年，该社便在主动寻求农业科技帮助上表现明显。合作社在寻找科技指导帮助上，"聘请果树专家和土壤专家组建蟠桃产业技术指导小组，对果农在蟠桃产业发展过程中面临的产业发展、生产组织、科技知识等诸多问题采取了讲堂授课、现场指导的方式进行技术培训，每年不少于6~8次"[①]。这样的情形普遍存在。

农民主动寻求农业科技帮助，能够化解在传统的行政推广模式"最后一公里"问题难以解决的尴尬局面。原因在于，整个传播链条的启动，不再是一个从传播者（农业科技掌握者）走向受传者（主要是农民）的过程，而是整体被颠倒了过来，即从受传者出发，最后推动传播者参与进来的过程。这一显著改变，使得处在"最后一公里"当中的农民群体，往往是最先进入某个传播活动的，而不是最后被某个传播体系纳入其中。由此，新式农业科技传播体系确立的关键，不在于"如何将科技知识送过最后一公里"，而在于"最后一公里的科技诉求如何被解决"。这将大大减少农业科技传播中的无效传播和盲目传播行为，有助于实现精准化推广。

其三，主动推进农业科技创新。从学习者、求助者再到创新者，这一变化集中彰显了上海新型职业农民在科技传播中的主体性地位。事实上，农民自身的科技创新活动早已出现。我们在安徽、河南等地的调研中发现，传统农民在农业生产过程中，亦存在为数不少的科技创新举动。例如，在对皖中DSL村进行调研走访时发现，该村的一位种植养殖能人CEZ，在农田管理和种植方式上有独到方法。他不仅积极了解关于农业种植的相关信息，还主动在种植过程中展开"实验"，寻求最佳的农田种植方式。然而，在缺乏完善的技术语境与政策导向前提下，这类自主创新行为常常面临着两点困境：第一，其创新活动较为粗放，更多植根于种植经验而非科学实验；第二，由于缺乏必要的激励措施等因素，创新农民往往并不愿向别人分享自己的创新成果。DSL村的这位种植能人CEZ曾毫无保留地表示："这些事情，我一般不会跟

---

① 引自上海市郊区经济促进会等编的未公开出版资料，由上海市农委提供。

别人讲的。很多人都来问我，我也不会每个人都说。好朋友和家里人可以讲讲，外人就算了。"①可见，这类信息只能在一定的社会范围内发生作用，并不能很好地实现公开化交流。

上海的都市农业发展中，新型职业农民往往与农科院、农业高校等科研院所形成了良性互动关系。他们不仅自我创新，更关键的是借助上海农业科研院所专家们的帮助进行科学化、体系化的技术创新，且此类成果往往能够通过农业合作的方式进行对外传播。上海志银禽蛋专业合作社的理事长马志银便是一个典型的自我创新的新型职业农民。多年来，他"刻苦钻研养鸭技术，改变传统蛋鸭养殖方式，用杂交技术培育出抗病性强、产蛋量高、蛋只质量好、肉质肥嫩、营养成分高的 S3 蛋鸭新品种"，同时他还"热心地对其他养殖户进行技术指导"②。更多的农业生产经营者则依托产学研一体化的发展理念，开始系统化的科技创新道路。作为上海市重点农业龙头企业，上海弘阳农业有限公司便曾先后参与到"上海市叶菜产业技术体系""信息化技术在现代高效生态农业中的示范作用""青菜抗（耐）根肿病品种筛选及综合防治技术研究与示范""蔬菜废弃物综合利用循环经济项目"③等一批农业科技创新项目的研究过程。

综上，在都市现代农业生产运营理念的激励下，在上海市政府农业机构或单位的引导下，上海市新型职业农民的科技素养有了大幅提升，农民群体在整个农业科技传播过程中，逐步确立了其自身的主体性地位。这批新型职业农民主动将自身纳入到了科技传播的各个关键环节中去，发挥了不可替代的关键性作用。尽管这一过程中离不开政府、科研院所、农业专家的合力促

---

① 摘自课题组在安徽省调研时的访谈笔记。CEZ，今年 52 岁，已有 30 多年的种田经验。他的农田数量并不多，仅 60 余亩，算不上大户。然而，他的农田每年的收成都比别人家好，加上为人精明，是村民们公认的种植能手。

② 引自上海市郊区经济促进会等编的未公开出版资料，由上海市农委提供。

③ 引自上海市郊区经济促进会等编的未公开出版资料，由上海市农委提供。

成，我们依然能够清晰地看到农民自身主体力量的兴起，能够看到在上海市的农业科技传播体系中，"受众中心地位"的逐步确立。充分认识到这一点，我们才能够理解：在上海农业科技传播中的传、受双方，都发生了重要转变。传统意义上的传播者不断调整自己的定位、角色与功能，而传统意义上的受传者则开始主动进入传播链条，改变了既有的传播结构和方式，彰显了自身的主体意识。

本书认为，上海市的农业科技传播体系，正是在双方不间断地互动和调适过程中逐步形塑了。在这种体系下，传、受双方都具有着主动性和能动性，他们彼此配合，共同维护着整个传播链条的运转。此种传播模式，我们称之为上海都市现代农业中"共同主体"式的科技传播。

第四节　互动中的共同主体：专家与农人共筑传播网络

当传播者与受传者的身份、角色、功能等均发生改变的时候，整个上海市的农业科技传播的网络结构与运作方式，也发生了改变。

本节试图以关于 SH 的调研案例为中心，并结合其他调研结果及文献资料，对上述观点展开详细论述。SH 出生于浙江省湖州市的一个乡村，今年50 多岁，现为上海某水产养殖合作社的理事长。1986 年，SH 毕业于某水产学校水产养殖专业，同年进入某农业大学攻读研究生。1989 年毕业后，曾被分配到国家海洋局的一个环境监测中心工作。2004 年，SH 在上海崇明竖新镇大东村流转了 700 亩土地，成立了一家生态农业有限公司，公司的生产规模不断壮大，持续至今。我们在见到 SH 的时候，他衣着得体，谈吐自信，根本见不到传统印象中关于"农民"的任何痕迹。不过，在聊起农业生产与农业科技时，便能够立刻感受到，他就是一个植根土地的活生生的农民，而且是一个对于都市生态农业有着深刻把握的新型职业农民。

一、农业科技专家的针对性传播及其调试

SH 的合作社主要是打造了一条"稻—虾—鳖"种植养殖有机循环的生态农业发展道路，偶尔也会养殖牛蛙、鳝鱼等其他水产品。其生态模式体现为：水稻生长过程中产生的病虫害等问题，可以依靠养殖龙虾或鳖来解决，这就构成了第一条生态链；同时，龙虾又是鳖的食物，进而构成了第二条生态链；此外，由于水稻种植过程不施加农药，田里的蜘蛛等有益昆虫的种群数量随之增加，借此又能够抑制病虫害的大规模爆发，这是第三条生态链。在这种模式下，水稻生态无污染，小龙虾肥壮，野生鳖营养价值高，多层生态叠加，构筑了一个良性循环的农业生态系统，整体的经济效益大为增加。与上海市其他农业生产合作社或示范园等类似，SH 的生产基地，也与一批农业科研院所及其专家们搭建了科技传播关系，如上海农业科学院、上海海洋大学、华东师范大学，等等。不同的是，SH 与农业科研院所的合作，还依靠了很多私人关系，如在农业科研院所工作的同学好友等，也曾主动介绍科研项目，与SH 的合作社联系展开科技合作。

SH 的生态农业系统，早期并没有可资借鉴的成熟模式，而是一步步摸索出来的。"我是南方人，吃的就是大米。后来做农业的时候，我就想，到底通过什么样的方式，才能不用农药呢？"后来经过与上海海洋大学教授一起商讨摸索，决定以小龙虾作为"指示生物"，实现"虾—稻"共生养殖，这就是SH 接触生态农业时的最初收获。然而接下来出现了一系列种植养殖技术问题，这些问题都很难从现成的案例中找到答案。因此，即便农业专家直接走进了该合作社的生产基地，也无法马上给出最准确的技术指导。换言之，针对该合作社的特定生态环境和种植养殖产业特征，农业科技专家也只能依据

现实条件，展开针对性的试验和传播。

由此，在农业科技专家的主导下，SH 开始实施一批农业田间试验。譬如，对于"稻—虾—鳖"共生农业种植中，稻田的插秧密度大小、稻田的通风以及光照标准、小龙虾和鳖的单位投放量、稻田水沟的比例、甲鱼的公母比例等问题，都进行了反复尝试，才能最终确定下来。SH 表示，"与农业科研院所的合作，对于合作社科技水平的整体提升带来了很大帮助，他们在田里的试点实验，慢慢都推广到了更多的种植基地中去了。"基地实验和可推广性，是农业科技专家展开针对性传播的重要特征。SH 指出，"比如，对于某个技术，我们先和相关专家商定，以 20 亩地为试验点，进行田间试验，如果成效好，第二年我们就种 200 亩，然后慢慢更多。"

灵活机动的指导方式与田间试验，带来的是双赢。一方面，农业专家的研究不能脱离现实的农业生产实践，合作社为他们提供了实验的场所，为项目研究与合作提供了硬件支持；另一方面，他们的研究成果又能够很快转化为合作社需要的技术。两者之间的良性互动，整体促进了 SH 的合作社，乃至整个上海都市生态农业科技水平的提升。更为关键的是，当专家进入 SH 的合作社展开试验时，他们事实上也培育了合作社里面的工作人员，从而在生产实践中将科技知识教给了农业生产者们。SH 坦率地承认，"合作社里的人，文化水平整体并不高，与研究所的合作仍然是提高合作社种植养殖技术的主要方式。"

处在探索阶段的上海都市现代生态农业，并没有一个"放之四海而皆准"的科技知识方案，即便是农业科技专家，也必须在不间断的田间试验中摸索新技术，不断调整传播内容。这一点，并非只是 SH 的个案之谈，在生态农业的发展道路上，上海的多家生态农业基地都面临着相似的境遇。

二、新型农业生产者对农业科技的选择性接受

作为新型农业生产者，上海市都市农业生产者们都有着自己的农业生态理念，这与传统农民相比，差异明显。SH 更是其中的典型。他在访谈中反复指出，"农业是一个良心活"，"生态农业首先是一种安全农业"。SH 坚持认为，"都市现代农业，特别是生态农业，不只是一项关于农民的生产工作，更是一项关于市民的生产工作，在接近自然的状态下从事生产，特别重要。"

他曾对人工养殖鳖的问题有过下面一段叙述，清晰地呈现了他对农业科技的理解与选择：

> 甲鱼（即是指鳖）的人工养殖，一般放在池塘里面。而人工养殖的密度比较大，甲鱼总是会生病的。长期以来，很多技术人员包括大学教授，总是研究用什么药治这个病（指甲鱼生病）。我呢，完全倒过来。我认为这样的产品是没有市场的，因为用药之后必然会有残留。所以，我的想法就是调整（甲鱼的投放）密度，让它（指甲鱼）自然淘汰就没问题。[①]

可以看出，在具备相对完善的农业生态理念前提下，SH 对于农业科技有着自己的标准和选择。他并不是以产量或技术作为唯一的选择前提，而是充分考虑到自身的价值理念。更直接的表现在于，SH 并非对农业技术专家的意见采取了"全盘接受"的态度。他自己参与到了田间试验的多个环节，与专家共同商讨最为合理的种植养殖模式，并就种植养殖密度、田地规模等问题提出了自己的看法。换句话说，在农业科技传播过程中，SH 体现出了自己的决策权力，并在整个农业生产过程中处在一个相对主动的地位。

---

① 摘自访谈笔记。

决策权力的提升，是上海市新型职业农民较之传统农民的一个重要改变。与前文提及的观点类似，它也预示着在农业科技传播的整体架构中，农民的主体性作用得到了进一步的发挥。

三、作为"再传播者"的新型农业生产主体

应当格外强调的是，作为"受传者"的新型职业农民群体，在上海市的农业科技传播活动中，日益扮演了"再传播者"的角色。这种作用的发挥，与传播理论中的"两级传播"颇为相似，新型职业农民恰恰等同于深入乡村的、掌握一定农业科技知识的"意见领袖"，他们将相关信息进一步扩散出去，有力地推动了农业科技的全面普及。在调研过程中，我们能够发现，在安徽、江苏、浙江、河南等调研地区，此种情形都或多或少地存在着。上海市的独特之处在于两点：一是新型职业农民的农业科技再传播过程具有深度，广泛采用与农业生产合作的方式展开；二是有着制度化的保障，特别是"博士农场"和"田间学校"的创立。

首先，与家庭农场等一般农户对接，实现农业科技的直接转移。上海的农业龙头企业、生产合作社或农业示范园等，往往与一般农业生产者进行了技术的对接与再指导，直接推动了科技知识的向外扩散。上海正义园艺有限公司是上海的一家农业龙头企业，该公司"经常派技术人员深入周边园艺场和农户中进行走访，根据具体需求，统一组织有机肥和高效低毒农药供应，还向他们提供优质种苗，并积极帮助做好茬口安排、种植技术传授、质量控制指导等"①，有效地发挥了科技信息的再传播功能。前文提及的马志银和SQ等，也"热心对其他养殖户进行技术指导"。

SH的合作社更是如此。在与科研院所对接、开展田间试验后，该合作社

---

① 引自上海市郊区经济促进会等编的未公开出版资料，由上海市农委提供。

逐步学习并掌握了生态种植养殖技术。SQ 的科技信息再推广，主要采取"合作社+家庭农场"的方式，即合作社向家庭农场提供技术乃至市场，家庭农场负责具体的种植养殖工作。SQ 指出，"家庭农场是独立经营的，他们负责种植养殖管理，我们来培训技术，市场我们也帮忙解决"，"我们要培训的，就是专门针对这个群体，不是'撒胡椒面'似的随便培训"。生产经营上的合作带来了科技传播的精准性和有效性，农业科技实现了从专业合作社到家庭农场的横向传递。自 2016 年开始，SH 的合作社已经与 12 个家庭农场进行了合作，至 2017 年，已经指导培训了 20 个家庭农场主，规模不断扩大。

其次，提出"博士农场"理念，带动农业实践基地的科技创新与传播。该理念首先在上海市崇明地区被提出并实践。所谓"博士农场"，指的是具有多个科技创新成果和较强科技创新能力的现代农业基地，它"更加注重科技含量及服务市民生态休闲、观光体验的多元效益，实现一产三产联动，带动崇明生态农业业态的升级与转型"。2016 年 8 月底，首批崇明地区的 5 家"博士农场"正式确立，SH 所在的合作社更是崇明地区挂牌的第 001 号。

SH 表示，"博士农场"并非需要有博士，它"强调的是技术模式上的创新和引领，要求的是能够带动农户的、有代表性的合作社或农场"，因而"市场、技术和农民三个要素，都体现在其中"。以"博士农场"为依托，形成示范效应，为的是将农业科技创新与农业科技传播形成一体化，形成辐射效应，带动示范基地与周边农业生产科技的整体提升。目前，上海市的"博士农场"项目刚刚起步，其未来前景如何，尚有待进一步跟踪观察。

最后，创办"田间学校"，促成科技知识的传播与科技观念的转变。农民田间学校是一种"由国际组织推动的符合农民学习行为的有效的推广培训方式"，指的是"以农民为中心，通过组织农民参与分析、研究和解决农业生产中的实际问题，从而提高其自信心和决策能力的新型农业科技推广方式"（张明明等，2008），在国内外已经有着较长时间的发展历程。在正式挂牌成立田间学校以前，对于农民的培训工作早已在上海市的相关农业生产基地中逐步开展起来了。2017 年，上海首批 46 家农民田间学校挂牌成立，这些学校分布在闵行、嘉定、宝山等 9 个区，其中农民田间学校最多的是青浦区，有上海赵屯草莓专业合作社等 8 家。由此，上海市的不少新型职业农民、青年农场主等，都转而拥有了一个"校长"的身份。SQ 和 SH 等人，都是田间学校的校长。

有意思的是，农民田间学校无疑是对农民进行知识培训和科技传播的重要方式，但在 SH 等人看来，田间学校"不仅要向农民开放，更要向市民开放"。他们指出，都市现代生态农业不是一个口号，也不仅仅只是农业生产者的理念转变问题，它更应该是都市消费者整体理念的转变问题。只有当消费者对生态农产品有了需求，才能够回过头来真正刺激到都市现代农业的理念改变和技术提升。因此 SH 表示，"我这里的田间学校与一般意义上的有一些差异。我们不仅对农民进行培训，也将它作为生态农业知识理念的科普讲堂，对市民消费者们进行知识宣传和讲解。"

在上海的农业科技传播活动中，传统意义上的传播者与受众都发挥了较为明显的能动作用，二者互相配合，共同构成了农业科技传播网络中缺一不可的传播主体，在不同的传播环节中，发挥了不同的作用。特别值得指出的是，新型职业农民不再只是农业科技信息的接受者，而是同时扮演了"再传播者"的角色，为整个传播网络的搭建，贡献了重要力量。

第五节　共同主体、共同决策与上海农业科技精准传播

从不同考察视角出发，不同的研究者曾对农业科技的推广模式有过不同的总结，其侧重点也各有不同。综合上文论述，关于上海市农业科技传播现

状，能够得出如下认识：上海农业科技传播是一种"共同主体"式的传播模式，有三大基本特征。一是格外强调专家的作用，该模式首先是一种"专家导向"式的传播模式，这与上海市的农业产业比重及整体经济发展水平有关，具备一定的特性；二是充分意识到农业生产经营者的主体地位和科技诉求，该模式是一种强调"受众本位"的良性传播模式，这在全国的农业科技传播过程中都渐渐有所体现；三是农业科技传播的最终结果，由传播者和受传者在互动中共同选择、共同决策，双方的作用与地位是平等共存且缺一不可的。其中，第三点特征兼具了个性与共性，个性在于此种共同决策是如何作出的，共性则在于共同传播与共同决策在全国各地的农业科技传播实践中，都逐步有所体现。

　　进一步来说，以"专家导向"为特色的"共同主体"式的科技传播体系，并非上海农业科技传播的唯一方式。我们在调研中发现，传统农业技术推广方式在部分传播环节上，依然有着不可替代的关键作用。此外，来自市场的力量也同样不容忽视，一些农业科技相关企业在商业利益的驱动下，也会积极开展科技传播活动（在江苏、安徽、浙江等地的调研中，亦有类似发现）。另有一些传播活动是由公益性的社会组织承担的，譬如特定的行业协会等。总体来看，全国各个地区，包括上海，在农业科技传播中都运用了多重不同的传播路径和手段，这一点不应当被忽视。只不过，在上海市的整体实践中，"专家导向"下的"共同主体"式的科技传播的作用尤其明显，此种方式不仅成为上海市的鲜明特色，更构成了当地的一种核心模式，因此成为此处讨论的重心。这一点，是需要提醒读者格外注意的。

　　上海市的此种传播样态，直接带来了农业科技传播活动中的"共同决策"和"精准传播"特性。它为我们在长三角地区乃至全国范围内解决农业科技传播"最后一公里"问题，提供了一项立体化的经验个案。

一、传、受双方主体作用的共同强化

上海市的经验个案再次提醒我们，在农业科技传播中，"传—受"双方的二元关系已经发生了改变。这种改变并非是从原有的"以传者为中心"全然转移到"以受者为中心"的过程，而是二者同时发生了改变。当前，学界部分研究成果过于强调"受众"层面，而忽视了对"传者"的持续观察，亦有不妥之处。我们需要明确的是，在上海市，受众确实已经成为农业科技传播的关键一环，但传统意义上的传者并没有弱化，而是有所调整，他们一起形成了农业科技传播体系中的共同主体。

从传播者角度看，上海市的传播者依然扮演着强势角色。上海市较为特殊，农业占比极小，全市经济文化水平又颇高。此情形下，要实现第二、三产业反哺农业，从而真正做到"科技兴农"的话，政府必然要发挥能动作用，农业专家也必须在其中扮演重要角色。不过，都市现代农业的科技发展诉求与农民科技素养的逐步提升，又要求传播者改变自身的原有定位，政府变成了"牵线人"，而农业科技专家则变成了"接头人"。

从受传者角度看，新型职业农民充分彰显出农业生产者和经营者群体的能动作用，他们对于农业科技传播既有需求，也有想法，进而主动参与到整个传播链条中，成为推动新式科技传播体系确立的核心力量。

传、受双方的共同改变与共同主体化，在上海市的农业科技传播过程中表现得格外突出，它也很有可能映衬出全国其他地区正在逐步发生的改变。

二、互动中的共同决策与农业科技精准传播

共同主体化，带来的是农业科技传播中的"共同决策"与"精准传播"，这就为如何切实解决科技传播中"最后一公里"问题，提供了一种解决方法。

早前，政府和农业科研单位是农业科技传播中的决策主体，而在今天的上海市，政府、高校、企业以及农户等共同承担了农业科技传播中的选择决策，彼此之间多维互动。由此，农业科技传播不是漫无目标地寻找"最后一公里"，而是由处在"最后一公里"的农民群体率先催动整个传播过程，并以此将科技传播者引入田间地头。经过这层改变，农业科技传播者便能够较为轻松地实现"精准传播"，并将知识信息传递到那些真正的需求者手中。

前文指出，以农民为中心的受者主体意识的崛起，是这一变化中最为突出的一环。新型职业农民主动寻求农业科技在生产中的支持作用，他们不再满足于技术的灌输，开始学习、总结并对外扩散技术，乃至逐步介入到了农业技术的创新领域。在现实的农业生产实践中，是否采用某种技术以及采用何种技术，不再是科技专家的"一言堂"，农民本身渐渐拥有了判断、决策和再传播的能力。通过多区域广泛调研，我们相信，随着农业生产方式的转变和农民科技素养提升，新型职业农民的此种能力将更加强化，信息的传播者也将不断转为服务者，作为决策者之一而不是全部，参与到上海市未来的农业科技传播活动中来。

第五章　长三角实践中的农业科技传播模式创新思路

作为全国经济发展水平与农业产业水平较高的区域，位于长三角地区的江苏、浙江以及上海等地的农业科技传播状况，对于我国整体的农业科技传播状况而言，既具有显而易见的普遍性，也具有相对鲜明的前瞻性。而在长三角地区内部，我们也能够看到彼此之间共性与个性的区别和交织，现实的农业科技传播图景多元且复杂。

开篇之处，本书已经阐明了研究宗旨，即：在新型城镇化背景下，当科技传播活动越来越成为影响我国农业经济发展的关键要素时，科技传播模式当如何推陈出新，才能更好地服务于当前中国农业产业的发展？我们应该采取何种创新思路，才能真正打通农业科技传播"最后一公里"？通过对江苏、浙江、上海等地的多次调查与比较，研究者认为，农业科技传播模式的创新活动的确存在着一些共性的特征与基本的原则。尽管不可能提出一个在全国范围内都有着"放之四海而皆准"的单一传播体系或模式，但立足于对长三角地区经验现实的把握，当前中国的农业科技传播模式存在着具有普遍意义的创新思路。这一思路的根本诉求，便在于传播过程中"决策力位移"的实现。而因地制宜地激活传播链条、不遗余力地协调多元传播主体之关系，是实现这一根本诉求的两项前提性要素。

第一节　创新动力：谁来激活农业科技传播的链条

对于任何一项传播活动而言，"动力"或"起点"的把握均为关键。没有动力或起点，也就意味着整个传播活动不可能存在或不可能持久。农业科技传播要想实现"最后一公里"的突破，首先就需要寻找到一个能够促使传播链条持续运转的动力群体，让他们能在整个农业科技传播活动中始终扮演着"挑大梁"的关键角色。那么，谁来承担激活农业科技传播链条的这一角色呢？

在传统农业科技推广的纵向传播体系中，"政府"无疑承担了这一角色。支撑农业科技推广的核心动力，主要是由政府提供的。不过，近年来，学界讨论的这一支撑力量逐步从政府转移到了其他群体上。"农民的主体性"（陈宇、何肇红，2010）、乡村"农资店"（牛桂芹，2014）、"农村合作组织"（周志鹏，2014）等动力要素逐步走进人们视野。其中，充分发掘农民主体性，建构"受众本位"（黄家章，2010）的科技传播动力体系之倡导最为强烈。

本书认同当前学界的既有观察，即农民群体的主体意识之彰显，确是新世纪以来我国农业科技传播活动中一个较为突出的进步现象。不过，在长三角地区的实地调研过程中，我们发现，由于受到不同的经济、文化乃至地理环境等因素的影响，科技传播链条的驱动并非只是从政府转移到农民身上的单调过程。在各个不同省市，催动农业科技传播行为的动力群体，实则各有差异。这些差异，并不能全然以"传者本位"向"受众本位"的简单转换来阐释。就江苏、浙江、上海而言，同属长三角的三个省市，其内在的创新动力，已呈现出不同样态。

一、农业企业的连通性

在江苏省的调研中我们能够看到，农业企业在整个科技传播活动中发挥了尤为突出的驱动功能。市场经济的快速崛起冲击了传统行政力量主导下的农业科技传播活动，"企业"作为重要的社会经济组织，开始成为江苏地区主导科技研发和推广的一股强势力量。那么，农业企业何以能够承担这一"创新动力"的关键传播角色呢？其优势何在？答案便在于企业组织的"连通性"特征。所谓"连通性"，指的是农业企业作为一种重要的社会组织机构，构筑了连结"内—外"的双向传播体系，并借此将农业科技传播中的各项主体充分调动起来，让他们充分参与到整个传播活动当中（图5.1.1）。

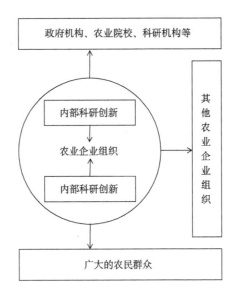

图 5.1.1 以"农业企业"为创新动力的江苏省农业科技传播模式

如图所示，一方面，在企业组织内部，构筑了内向的科研创新体系，促进了产学研之间的有效协调，它有效地连通了农业科研人员与农民群体之间的"跨界合作"，使得农业科技创新更富有实践性与针对性。另一方面，作为整体性的社会组织，农业企业还同时呈现出三种外部连通功能：第一，向上连通政府机构、农业院校及科研机构等社会组织，将行政力量、学术力量等纳入到农业科技的创新与推广活动中，促进农业科技水平的提升与扩散；第二，在横向上与其他农业企业组织展开互动交流，形成互惠互利的平等合作关系，共同提升；第三，向下连通广大农民群体，将企业的科技文化传递到最终的农民群体受众，实现"最后一公里"的突破。

就农业企业内部的连通性而言，它吸聚了一批从事农业研究的专业科研人员，从而推动了农业科技的有效创新与精准传播。前文曾提及，江苏丹阳的吟春碧芽股份有限公司借助企业的市场化运作力量，成功地将陈宗懋院士、韩宝瑜博士以及一批相关专业的研究生吸纳到企业内部的技术创新体系之中，推动了企业内部的技术创新，一批批新产品、新装置不断被研发出来。也正是这些技术，构成了农业企业发展壮大的核心支撑力量。农业科技的内向性创新解决了农业科研成果与农业生产需求之间长期存在的"脱节"矛盾，使得技术的精准化推广成为可能。这一点，正是市场化企业主体对传统行政推广活动的有力完善。

就农业企业外部的连通性而言，它作为一个整体性的社会组织，与各类社会组织之间形成了广泛而深入的互动关系，将促进农业科技创新与传播的各种力量归拢到一起。仍以吟春碧芽股份有限公司为例，一方面，该企业向上连接了政府机构、农业科研院所，通过设立"茶叶研究所"和"省级合作社"的形式，积极承担国内外学术会议、省部级科研课题，与最新的茶领域科研技术形成了无缝对接，掌握了农业科技的前沿知识；另一方面，该企业向下连通了广大的农民群体，不仅直接将企业内部的农业生产技术传播给农民，更通过职业培训、技术学习等固定模式，将农民转变成专业的茶艺师、制茶师或品茶师等。与此同时，企业组织的社会影响力往往高于单个的农民或行政化的村级组织，以企业组织的形式与外部交往，可以解决目前国内依然存在的诸如行政级别不对等、专家合作不积极等问题，也可以强化企业组织之间的双向互动，强化市场力量在科技传播中所能够发挥的积极作用。

在江苏省的农业科技传播活动中，农业企业组织发挥了尤其关键的驱动作用，为整个传播链条持续不断地运转提供了动力。当然，这也与江苏本地乡镇经济整体较为发达的区域经济文化背景紧密相关。只有当企业等市场化力量在村镇经济结构中居于重要地位时，这一模式的长效运作才可能得到保障。

二、"新农人"的主动需求

浙江省的农业科技传播模式与江苏省相比，有许多相似之处，但也有明显的差异化特征。这种差异，集中体现在一个新兴农业生产主体——数量超过20多万的新农人——的出现上。如果说江苏省凭借农业企业组织的连通性特质开创了一种维持农业科技传播链条不断运转的方式，那么，浙江省则依托"新农人"群体的主动需要，构建了另外一种路径。在这条路径中，"新农人"群体始终居于主导性地位，成为促使农业科技传播体系不断创新的强劲动力。

作为"跨界"进入农业领域、高度关注互联网传播、注重利用科学技术、以团队合作进行农业生产和经营的"新农人"群体，对于农业科技知识有着极高的诉求。农业科技水平的高低直接决定了他们的农业生产效益，市场的力量再次发挥重要作用。也正因如此，新农人也更加迫切地需要将各种农业科技知识传递给一般的农民。这个新兴群体成功地嵌入到了浙江省农业科技传播的整个过程当中，成为了农业科技知识创新主体与传统农民之间进行信息沟通的必不可少的"中间人"，并主导促成了整个传播活动的实现（图5.1.2）。

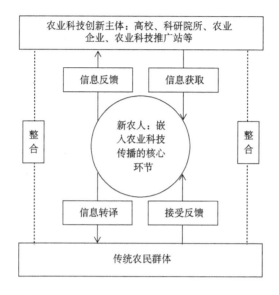

图 5.1.2　以"新农人"为创新动力的浙江省农业科技传播模式

一方面，新农人本身具备较高的知识素养，加之"跨界"务农的经历所积累的各项社会资源，使其善于同各类农业科技创新主体建立长效的合作关系，借此获取最新的科技文化知识。农业科研院所、高等院校、现代农业龙头企业、农业技术推广站等农业科技创新主体，均是新农人密切合作的对象。前文论及的 BWS，便充分调动了各方专家力量，创建了"上山下乡"的中华鳖"温室+池塘+水库网箱"三段式养殖模式，形成了一套先进的生态养殖实用技术。此种依托科技而建构的农业生态养殖路径，在传统农民那里是难以实现的。不仅如此，在整个农业科技的接受过程中，新农人不是被动的，他们承担着传播技术"采纳把关人"的新角色，他们既选择性地接受新式农业科技以适应市场的需要，也将农业科技运用中的实践问题，反馈给创新主体。

另一方面，借助广泛存在的雇佣劳工、创建合作社、技术培训等方式，新农人同广大传统农民建立了频繁互动的社会传播网络，搭建了农业科技信息的"再传播"过程。雇佣、合作等市场化的连接方式，凸显了科技对农业经济效益的影响，有利于传统农民以更加主动的姿态迎接新的农业科技。值得指出的是，新农人向传统农民传播科技新知识，并非是将自身了解的新知识以"搬运"的形式直接灌输给农民。他们通常是在充分了解当地农业生产总体特征的前提下，掌握新旧两代农人对于农业地方知识、耕种传统的理解和实践，将最新的农业科技知识"转译"给广大农民，并与之展开密切的互动，形成交互影响。

与此同时，新农人所践行的新式农业生产方式在乡村社会的出现，本身就构成了一种示范效应，推动了传统农民的效仿与学习。各类由新农人经营的"农业科技示范园区"便带来了"在地化"的示范效果，有着相对显著的引领作用。正是借助上述运作方式，新农人逐渐将自身转变为农业科技传播主体中的一股核心力量。他们能够相对成功地突破过去自上而下的层级传播体系，直接嵌入农村，成为改变农业科技传播链条转动方式的重要因素，有效地激活了现有农业科技传播资源，为传播农业技术提供了新的可能。

三、政府地位的再审视

江、浙两省的农业科技传播实践，虽然分别以"农业企业"和"新农人"作为创新的动力因素，存有明显差异，但二者之间依然存在共性。即新式农业科技传播模式在江浙的开展，均带有相对明显的"去行政化"倾向，政府虽不是回避了新式传播过程，但其所扮演的确非核心角色。这一点，与当前学术界普遍关注的突破传统农技推广方式的路径选择，有着共同之处。新旧农民自身主体性意识的崛起取代了政府机构的导向作用。

不过，同处长三角地区的上海市，则呈现出一种截然不同的取向。在上海农业科技传播模式的创新过程中，政府机构的传播角色虽有所改变，但依然占据着核心地位。换言之，相较于传统的行政主导模式，上海市各级政府机构发挥了新的传播功能，且这种功能与以往并不相同。而与江浙之地新式传播模式的"去行政化"趋势相比，上海的政府机构依然是催动整个农业科技传播链条运转的核心动力（图 5.1.3）。

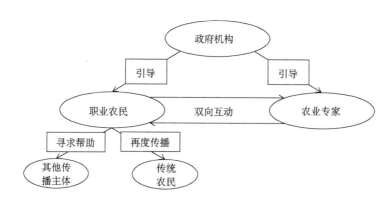

图 5.1.3　以政府机构为创新动力的上海市农业科技传播模式

首先，上海市农委等农业主管部门，在传统的农技推广体系之外走出了另外一条推广路径。他们主动将自身的"传播者"角色转变为"引导者"角色，政府部门并不直接参与科技知识的"传一受"过程。在整个上海新式农业科技传播体系的搭建过程中，政府主要负责引导农民，特别是其中的新型职业农民，与农业科研院所的专家形成直接的对接关系。一方是农民，一方是专家，政府的角色就是将他们引导到一起，形成对接关系，并保障此种对接关系的有序运行。至于具体的农业科技难题如何解决、新式农业科技知识如何传播等实践性操作，政府往往不予干预。

其次，在具体工作层面，政府通过新型职业农民培训、青年农场主培训等方式，充分发掘农民群体对于科技知识的主体性诉求，努力提升他们的科学文化素养。同时，通过科研立项、建立科研基地等政策措施，引导农业专家与农业生产基地建立明确的合作关系，借此推动二者的长效互动。在这一过程中，上海市的新模式还有力地推动了传统五级农技推广模式的发展。基层农技推广员往往与农业专家之间还建立了一层"服务—指导"的双向关系，他们常常同时走进田间地头，共同活动。在这一过程中，整个农技推广队伍的科技知识水平也有了较为明显的提升。

最后，在江浙之地普遍存在的市场化因素，在上海也同样发挥了作用。新型职业农民不仅是农业生产主体，也是市场经营主体。借助市场化的运作逻辑，他们一方面主动与各类科技知识创新主体取得联系，主动学习；另一方面则通过生产合作、区域指导、田间学校等方式，将农业新技术传播给散布各地的传统农民。

在上海新式农业科技传播模式的构建中，政府依然承担了驱动角色，是带动传播链条运转的核心力量。当然其发挥作用的方式较之过去已有了根本性的转变。不过需要指出的是，上海市之所以能够采用此种传播方式，既与其较高的区域经济发展水平有关，亦与其较低的农业生产比重有关。在分析上海模式的优劣时，这两项因素都应当同时考虑其中。

第二节　创新保障：多元传播主体的互动与协调

根据上述分析能够了解到，在整个农业科技传播链条的运转过程中，苏浙沪三地所具备的核心动力要素并不相同，各地往往是因地制宜地构建了自身的创新模式，难以一概而论。解剖分析创新模式，找准驱动主体显然是个关键，但仅凭单个主体却并不能完全实现整个传播活动的有序开展。要想实现整个农业科技知识传播体系的创新，还需要充分调动多元主体的广泛参与、彼此互动，进而为各地的传播体系创新寻求基本的保障。

一、调动多元主体共同参与农业科技传播

在整个农业科技传播活动中，大致存在四种不同类型的传播主体：一是知识创新主体，主要包括农业科研院所的专家学者、农业企业内部的研发部

门等；二是知识收受主体，主要是广大的农民，既包括传统农民，也包括前文提及的"新农人"等新型职业农民；三是行政参与主体，即各地的农业行政机构；四是市场参与主体，主要是指农业企业等社会组织机构。

值得注意的是，上述划分只是一种"理想型"的陈述，实际上并没有泾渭分明的主体划界。对特定情境中的传播主体而言，他们可能同时承担多种角色。譬如，新型职业农民既可以是收受主体，需要接收来自农业专家等的科技新知，也可能扮演着市场主体或创新主体的角色，既介入市场经济的竞争中，也参与到农业科技的研发活动。尽管如此，对传播主体的上述划分依然有助于我们在整体上把握整个农业科技传播活动以及传播活动创新的保障。具体而言，所谓农业科技传播活动创新，就是要实现：在行政参与主体与市场参与主体的协同下，将知识创新主体所掌握的农业技术，以合适的方式传播给知识收受主体，并被他们因地制宜地、有选择性地接受，从而发挥出农业科技的生产效应，真正推动农业产业进步。

然而，这一看似"轻松"的表述，在现实中却并不容易实现。譬如，对于知识创新主体而言，农业专家学者往往依附于高等院校或其他农业科研机构，其知识创新过程中所考虑的首要因素，是知识的理论化建构，注重的是与整个学术共同体之间展开对话，科技知识的"在地化"与"大众化"并非其核心关切。简单来说，知识的"创新"主体并没有同时承担"传播"的义务。与之类似，其他主体也面临着各自的问题。例如，政府作为行政参与主体，在传统的农技推广模式中扮演着重要角色，但行政主体本身并不是直接的知识创新者，农技推广员也只是农业科技传播活动中的一个中间人，其本身也需要接受大量的知识培训。

因此，要想实现农业科技传播体系的整体创新，就需要将上述众多主体充分调动起来，彼此之间形成良性的互动。在江苏、浙江和上海的新式传播模式中，便可以清晰地看到这种调动多元主体参与，以保障传播活动顺利开展的三条路径。

在江苏省，农业龙头企业是驱动传播链条转动的关键角色。它在本质上属于市场参与主体，以经济利益为原动力。为了不断提升企业获利水平，农业企业格外重视农业科技的知识转化作用，首先便主动将知识创新主体——农业科技专家们——纳入到了企业内部，组成专门的研发部门。紧接着，作为重要的社会组织，农业企业能够充分利用自身的社会影响，催动政府部门予以必要的政策支持与行政帮助，带动当地农业产业的进步。最后，农业企业还需要对广大的企业职工或开展合作的农民群体进行技术培训，将知识创新主体所研发的农业新技术运用到日常生产活动中。至此，整个传播链条便有序地运转起来了。

浙江省的新式传播活动呈现出相似的图景。如前所述，"新农人"是浙江省农业科技传播中的关键角色。他们既是知识收受主体，更是市场参与主体。我们认为，作为市场参与主体的"新农人"，扮演着与农业龙头企业类似的传播角色。在市场经济的规则下，他们迫切需要与知识创新主体取得联系，吸纳并消化他们的科技新知。同时，行政主体中的农业科技推广站等，也成为他们获取新知的一个途径。最后，经"新农人"转译，知识最终走向传统农民。

上海市调动多元主体的路径，与江、浙两省有所不同。作为经济发展水平较高、农业生产比重又较低的"都市农业"代表，上海市的农业科技传播活动主要由当地行政参与主体，即上海市农委主导。在政府部门的协调与引导下，知识创新主体——农业科研专家，与知识收受主体——广大农民建立了对接关系，二者之间在政府的行政保障下得以展开良性互动。新技术能够通过专家学者直接流向农民，而农业生产中出现的新难题、新需求又能够直接回流到农业科技专家那里，进行针对性的技术研发或难题攻关。此外，诸如青年农场主培训、新型职业农民培训等由政府主导的农业推广活动，也将市场主体引入到整个传播活动当中，这批人既是对接农业专家的主要群体，也是对接普通农民的主要群体。

综观长三角地区的农业科技传播模式创新，可以觉察到，在具备创新动力的前提下，充分调动其他传播主体的参与，是实现整个传播活动有序、有效运转的基本保障。在行政化力量依然强劲、市场化力量不断壮大的今天，各地的农业科技传播要想实现新的突破，就必须同时将知识创新主体、知识收受主体、行政参与主体以及市场参与主体，以契合当地农业生产实践的形式充分调动起来，共同致力于实现"科技兴农"的传播目标。当然，多元传播主体的充分参与，并不是"一哄而上"式的群体集合，不同主体应当明确自身的角色与职能，各司其职。

二、明确各传播主体的角色与职能

以传统行政主导下的五级农业科技传播体系为参照，新式农业科技传播模式的确立，带来的其实是传播路径的整体转型。也就是说，在不同的传播模式下，各个参与主体所扮演的角色应当是不同的，其传播职能也必将发生新的变化。尽管长三角地区的江苏、浙江以及上海三地的科技传播创新模式并不完全一致，但在三者之间的横向比较中，依然能够发现相关传播主体"角色与职能发生转变"这一共性特征。

首先，行政参与主体，即相关政府职能部门的角色需要改变。在江苏、浙江两地的新式传播模式中，可以看出政府已经不再承担早前行政推广模式下的"驱动者"角色，他们更多地是在农业企业或新农人引领的传播活动中，扮演了"服务者"的角色，职能主要在于提供行政助力。上海市的情形与江、浙两省稍有不同，政府部门依然是驱动整个传播活动的关键力量。不过，与江、浙两省相同的是，政府不再直接承担农业科技知识传播者的角色，而是转变成知识创新主体与知识收受主体的"牵线人"，本质上还是"服务者"的角色，其核心职能也转变成为在整个传播链条的运转提供助力上。

其次，知识创新者的角色也需要调整。如前所述，传统依托于农业科研院所的农业技术研究者，并没有义务需要承担农业科技知识的"传播"任务。在传统的行政推广中，不仅创新与扩散两项活动是分离的，即便是创新本身，也未必能与各个地区的农业生态环境、农业生产实践联系到一起。现今，农业科技知识的创新者在市场力量或行政力量的牵引下，开始真正走进田间地头，走进农业生产实践，将创新与扩散结合到了一起。农业专家不再是单一的"创新主体"，也承担了"传播主体"的角色。在江苏和浙江两省，我们观察到农业企业或新农人都是依靠市场规则开展活动的，合理追求更大的经济利益是二者的共同特征。为此，他们能够采用高薪聘请、兼职讲座、基地合作等方式，将知识创新主体直接纳入科技传播体系，从而既要求他们因地制宜地进行技术创新，又要求他们能够直接与农民取得联系，开展广泛的传播活动。与之相比，上海市则凭借行政力量实现了相同的转变。在市农委等农业主管部门的引导下，农业专家与农民形成了对接关系，直接帮助农民解决种植养殖难题，而农业专家的科研创新，往往又与农民的种植养殖实践结合到了一起，更具有针对性。与江浙之地采用高薪聘请等方式，发挥市场化力量以促成知识生产者向传播者的角色转变不同，上海主要采用农业科研立项、实验基地建设等方式，凭借行政力量的优势促成了这一转变。

再者，以企业为代表的市场参与主体，也需要实现从传统生产销售主体到科技传播中创新扩散主体的角色改变。改革开放以来，我国市场经济的规则已经渗透到社会生活的方方面面，在农业科技传播中充分借鉴企业等经济组织的力量，显得尤其必要。在前文重点讨论的长三角地区，我们都能看到企业在农业科技创新与技术推广中扮演的重要角色，它们构成了农业发展中促成产学研一体化发展的重要推手。而在安徽、河南等地的对比调研中，我们同样观察到，诸如农药公司、种业公司、基层农资店①等市场化力量，在当今的农业科技传播中承担了越来越重要的职能。作为行政力量的有力补充，市场将是农业科技创新取之不尽的又一动力来源。

最后是知识收受者——农民——的角色转变。一直以来，论及农业科技的推广或传播，我们总是习惯于将农民看成是传播的终点，认为只要将新的农业科技知识送到农民手上，整个传播活动便结束了。在长三角地区的调研活动中我们发现，在新式传播模式下，农民不再仅仅是科技知识的"接受者"，他们同样承担了知识的"再传播者"乃至知识"创新者"的角色。这一现象的出现，与农民群体自身的变化有关。一方面，在现今所指涉的"农民"概念中，同时包含了前文所说的新型职业农民和传统农民两大类，且二者之间存在着此消彼长的关系，新型职业农民不断增多，部分传统农民也开始向新型职业农民转变；另一方面，与农业产业的发展及新型职业农民的扩大相伴随，"农民"概念本身已经不再是一个描述特定社会群体的"身份界定"，而是向"职业界定"的范畴不断转化。经此从"传统农民"到"新型职业农民"的转变，农民群体整体的科技素养不断提升，市场意识不断强化。在市场化力量的推动下，他们不再仅仅满足于被动地接受科技知识，而是广泛地参与到新式农业科技的创新环节，并在向传统农民的知识扩散中更具有主动性。

整体看待上述四类传播主体的角色与职能转变，我们能够意识到，其中变化最大的便是农民群体。因为，与早前的传统推广模式相比，知识创新主体、政府行政主体以及企业市场主体等，仍是在原有角色上再调整，其核心功能并未改变，只是作用方式发生了变化。与之相比，农民主体则需要整体地改变原有的角色意识，从生产者到经营者、从接受者到传播者，都可以被

---

① 资料来源为我们在安徽、河南等地的调研访谈。例如在皖中 DSL 村，基层农资店不仅积极向农民宣传新的农药、种子品种，同时也为大型农业企业承担田间试验，科技传播功能显著。

看成是对原有角色的颠覆。正因如此，在当前我国农业科技传播模式创新保障体系的建构中，提升农民的科技传播素养，便成为了一项别无选择的重心工作。

三、以提升农民群体的农业科技素养为重心

"科技素养"（scientific literacy，又称"科学素养"）是科技传播与科学知识普及活动中的一个核心概念。这一概念强调的要点，是个人对于科学的认知与理解。"科技素养"最初由美国学者保罗·D. 赫德（Paul D. Hurd）提出，"他把这个概念解释为对科学的理解及其对社会经验的应用"（陈彬，2010）。美国国际科技素养促进中心主任乔恩·D. 米勒（Jon D. Miller）曾提出一个关于科技素养概念的三维模型，被许多国家的研究者接受。他认为科技素养包含三个维度：对科学原理和方法（即科学本质）的理解；对重要科学术语和概念（即科学知识）的理解；对科技的社会影响的意识和理解（王华兴等，2009）。现今，"科技素养"的概念"专门用以描述科技人员以外的广大普通公众对科学技术的认识及技能操作水平，而且通常是被看成是公众理解科学和技术的最低要求"，"它既是一个衡量标准，也是对公众科技教育所要达到的目标，即在现代社会，作为公民和普通公众在科学技术方面应当知道什么，重视和做些什么的具体要求"（韩小谦，2004）。

将这一概念借用到农业科技传播领域，我们可以将农民群体的农业科技素养，看成是这一社会群体对于农业科学知识的认识、理解与运用水平；它是在"科技兴农"的宏观背景下，农民群体应当具备的关于农业科技知识的基本修养。特别是在"农民"由"身份概念"向"职业概念"的转换过程中，新农人群体迫切需要具备较高的农业科技素养，以完成身份的转型，在新式农业科技传播活动中扮演新的角色，承担新的功能。

在长三角地区的农业科技调研中，我们清晰地意识到，在江苏、浙江或

上海等地构建不同模式的新型农业科技传播体系时，"提升农民科技素养"不仅构成了整个创新活动的一个保障环节，而且是最为关键的环节。其中的缘由不难窥测。因为科技的"传播"活动本身并不构成农业生产实践的组成部分，只有"运用"科技知识展开农业实践才是，而在"运用"过程中，只有农民群体是始终参与其中的。

根据前文的调研内容我们能够肯定，参与农业科技传播的四类主体中，其他三类主体都直接或间接地在为农民这一主体的科技素养的提升提供服务，以保障整个创新体系的顺利搭建：

第一，行政参与主体借助行政资源和手段，组织大量的新型职业农民培训活动，成为提升农民群体农业科技素养的一个最重要的方式。譬如在上海市，新型职业农民培训、青年农场主培训、田间学校等的出现，最终的诉求都是为了在农民群体中扩散科技文化知识，提升他们整体的科学素养。

第二，市场参与主体对农民科学素养的提升，亦付出了极大的努力。在江苏省的新式科技传播实践中，吟春碧芽股份有限公司曾为大量农民提供了包括专家指导、科技培训乃至资格考试等在内的多种机会，让农民的科技素养直接与经济效益挂钩，起到了更为直接的推动作用。

第三，在行政参与主体或市场参与主体的带动下，知识创新主体与农民之间形成了密切的互动关系。长三角地区的农业专家不仅要帮助农民解决现实的种植养殖难题，更要积极地为农民传播最新、最适合的农业科技知识，是提升农民科技素养的又一有力补充。上海崇明地区果蔬生产合作社的 SQ，之所以能够对猕猴桃种植技术了如指掌，很大程度上便得益于上海市农业科学院学者给予她的频繁而密切的指导。

随着农业产业化发展水平的逐步提高，新型职业农民的数量不断扩大，提升农民的科技素养在未来相当长的一段时间内，都将成为农业科技传播活动中的一项关键工作。可以断言，在全国任何区域的农业科技传播创新活动中，提升农民的科技素养都将是促进创新活动顺利开展的首要保障。

第三节 创新内核：推动"决策力位移"的实现

在上述内容中，结合长三角地区的调研实践，我们具体论述了农业科技传播创新活动中的动力要素与保障体系。这些叙述构成了整个创新活动的前提和支撑。这一节我们将着力思考农业科技传播体系的创新内核，或者说具备可操作性的创新目标究竟是什么。对此，我们提出了"决策力位移"的概念，试图对这一内核进行概括。具体而言，"决策力位移"是指在农业科技传播体系创新活动中，对新式科技信息的选择、传播以及采纳等，不能由传统的"传播者"单独决定（如行政推广模式下主要由广义的政府主体决定），而应当由整个传播链条上的多个传播主体共同决策，特别向"受传者"（主要指农民）进行转移。课题组认为，"决策力位移"是整个传播体系创新能否成功的关键。

一、核心问题——谁在决策？

众所周知，开展农业科技传播的最终目的，在于将农业技术或产品切实运用到农业产业的各个环节当中。"传播"只是手段，将技术投入生产实践才是目的。而技术的"采纳"，恰恰离不开科技传播活动中的各项决策进程，离不开各个传播主体"决策力"的合力。在《创新的扩散》一书中，埃弗雷特·M.罗杰斯等人（2002：154）曾提出了"创新—决策"的五阶段模式，"当个人（或其他决策单位）所进行的活动导致选择接受或拒绝某项创新，这就是创新—决策过程中的决策阶段"。但"决策"本身并不意味着扩散的终结，受传者仍需要经历"实施"和"确认"两个阶段。我们认同罗杰斯对于传播活动中"决策"问题的洞见，但在此处，我们试图将"决策"一词的适用范围放大，并不仅仅局限于接受者对于信息的判断与抉择，而是期望将其贯穿到整个传播活动中来理解。

具体而言，在新式农业科技传播过程中，"决策"现象的产生，不应当仅仅是指农民群体对所接收的农业技术给出采纳/不采纳的判断（尽管这是非常重要的一种决策表现），还应当包含对传播者、传播内容和传播渠道的"决策"。也就是说，在特定区域展开的农业科技传播活动，譬如上海，到底应当由农技推广员还是农科院专家承担传播者角色？应当采用面对面的人际指导方式还是采用大众传播方式？应当传播何种科技信息给不同区域和类型的农民群体？某项新式农业科技到底是否运用到某项农业生产实践中以及如何运用？显见的是，这些传播活动中"决策"的给出，并不只是农民或政府等单个传播主体能够独立解决的。它要求每一个加入到传播活动的主体，都能够在不同的角色承载过程中，给出自己的判断，提升自己的"决策力"。

或许有人会质疑，从此种角度来看待农业科技传播创新中的"决策"，似乎只是扩大了概念的内涵，并未提供新的观察视角。事实并非如此，当回到具体的传播实践时，便可以发现它对于现实问题具有特定的解释力与指引性。在罗杰斯等人的创新扩散研究中，新技术往往指代了一个特定的新式产品，如化肥，重点思考的是这一产品如何被大家接受或拒绝的问题。然而，在现实农业科技传播的整个活动中，"新技术"其实是一个不断更新的产品系统，传播什么或不传播什么，本就是一个需要考量和判断的"决策"问题。此外，技术的传播方式同样离不开"决策"，部分区域可能更易于接受来自政府层面的信息，有些则更易于接受来自企业的信息[①]。据此而言，同样是在谈农业科技传播，其在长三角和珠三角地区的传播"内容"可能千差万别；即使传播

---

① 在皖中 DSL 村的调研中，我们便发现，基层农技推广站几乎成了"形象工程"，农民很少与之取得联系，反而是在诸如农资店等基层市场化的传播，或农业企业的下乡宣传活动中，农民能够接收到更多的信息并采纳它们。

同一技术，其推广"方式"亦有差异。

举个例子，张茂元与邱泽奇（2009）在研究 1860～1936 年间新式蒸汽机缫丝技术在长三角与珠三角地区的推广时便发现，尽管当时的长三角地区在应用该项技术时具备了多项优势条件，但最终该技术却在缫丝行业相对并不发达的珠三角地区得到了广泛应用，其在长三角地区的应用则是"失败"的。为什么会产生这种情况？据张茂元等人分析，问题很大程度出在了技术本身。新式蒸汽缫丝机解体了传统的"养蚕—缫丝"式的家庭结构，冲击了蚕农家庭的自身利益，因而在长三角地区受到了蚕农的抵制。与之相对，珠三角地区则对技术本身进行了"退步性改良"，去掉了机器的蒸汽动力，适应了既有的社会结构，照顾到了蚕农本身的经济利益。

这项研究表明，技术的扩散过程无法脱离社会情境与文化结构。为了能够使技术本身真正走向农业生产实践，我们需要对技术进行"适用性"改造，且这种改造是颇具"地方性"意味的，不同地区可能有着不同的改造方案。而"改造"的过程，其实就是"决策"的过程，这种决策可能是地方政府做出的，也可能是农民或企业家等人做出的。在上述缫丝机器的案例中，这种改造的决策便是由企业家陈启沅做出的（张茂元、邱泽奇，2009）。

因此，从传播过程中各方参与主体的"决策力"角度来看，农业科技的传播过程就不仅仅是一个罗杰斯意义上的"创新的扩散"过程，即传播与采纳新技术的过程；它也是一个"'扩散'的创新"过程，即对传播活动本身进行创造性运作，使得合适的新技术能够以合适的形态走进合适的地区的过程。该过程中，各个参与主体能够及时做出"决策"，以提升技术的经济适应性和文化适用性，这是最为核心的问题。

二、农民主体性的彰显与决策力提升

在农业科技传播的"决策"问题上，首先需要被关注的，是农民群体的主体性彰显及其决策力提升现象。农民对新式农业技术的决策，不只局限于"是否采用"这一个环节，而是渗透了整个科技传播的各个节点中。而新型职业农民的大量出现，更突出了这一转变。

一方面，农民参与到了新式农业技术的创新过程，在信息生产阶段便凸显出其主体性意识与决策能力。在上海市新型职业农民 SH 的案例中，我们能够看到 SH 的"稻—虾—鳖"共生农业种植模式，并没有成熟的技术手段可以直接借鉴。为了实现整个生态产业链的有序运转，SH 与农业专家积极开展合作，参与到了技术研发的活动过程中。他针对稻田的插秧密度、稻田的通风以及光照、小龙虾和鳖的投放、稻田水沟比例、甲鱼公母比例等问题，开展了系列的田间试验，最终找到了合适的农业种植养殖技术路径。在这一过程中，新型职业农民流露出自身对科技创新的浓厚兴趣，也将自身的决策活动从"采纳/不采纳"问题转成了"如何创新"的问题。而这一点，不仅体现在新型职业农民身上，传统农民亦是如此。皖中 DSL 村的种植养殖能人 CEZ，是一位不折不扣的传统农民，但他依然能够在种植过程中主动开展数项田间试验，寻求最佳的农田种植方式。

另一方面，农民不再被动接收来自各界的信息传递，而是主动向外寻求新式农业技术，并积极吸取先进的农业生产经验。在市场力量的驱动下，新型职业农民对于新式技术有着更加强烈的需求，且对信息的采纳与否有着更为独立的自主判断能力。前曾述及，在上海、浙江等地，大量职业农民在接受政府组织的培训活动之外，还积极走出乡村，迈向国内乃至国际种植养殖示范基地，获取先进的农业种植养殖技术和经验。即便是在日常的生产与生活环境下，农民也会主动通过建立微信群、浏览农业网站等方式开展技术交流与学习。这些现实活动的存在，表明农民较之以往更加迫切且主动地建立农业科技传播联系，锻造新的传播活动。值得强调的是，对于外来信息的适用性问题，农民也有着自己的判断。在受访的江苏、浙江、上海等地，农业科技专家带来的新式农业技术，并不会"原封不动"地被农民采纳，部分农民往往结合自家的农业生产实践，展开针对性的调试。上文提及的 SH 就是如此。他曾广泛参与到田间试验的多个环节，与农业专家共同商讨最合理的种植养殖模式，并主动提出许多自己的看法。在围绕 SH 的农业实践所展开的农业科技传播过程中，SH 本人体现出了自己的较大的决策权，且在此过程中始终处于一个相对主动的地位。

除此之外，农民主体性彰显与决策力提升的第三个表现在于，他们不再仅仅承担着"受传者"的角色，而是同时扮演了"传播者"角色。浙江省的"新农人"实践，尤其能够说明该问题。正如前文已经强调的那样，一批接受了新思想、新观念的返乡农民工、白领、大学生，从城市回到农村成为"新农人"之后，他们就成为了创新事物及观念的"意见领袖"，能够对身边的农民产生较大的传播影响，实现信息的"二次推广"。ZLC 在猕猴桃种植中对人工授粉技术的科学使用，不仅使自己的果园增加了效益，同时也使这项技术在周边的农民中获得了认可，实现了有效的扩散。该现象告诉我们，在农业科技传播活动中，不仅要重视经由行政方式展开的组织化推广，也要重视经由电视、网络展开的大众化推广，还要格外注意乡村内部的人际推广。在长三角的调研活动中，我们意识到，真正让农业科技走过"最后一公里"的，是农民群体对农民群体展开的内部传播，即技术的"率先采纳者"（目前主要是新型职业农民），向"尚未采纳者"展开的传播活动。之所以能够实现这一点，原因即在于农民自身主体性意识的彰显与决策力水平的提升。

三、决策力位移：一元到多元、传者到受者

在阐明了农民的决策力提升这一关键性的问题之后，我们将对整个传播活动中的"决策力位移"现象展开整体性描述。在传统的行政推广模式下，知识生产者与政府参与部门无疑是决定传播何种内容以及如何传播的两大决策主体。差别在于，前者决定了技术的内容，后者决定了技术的推广方式。

在不同的环节中，他们都属于一元化的决策力量。然而，在长三角地区农业科技的创新传播活动中，我们却看到多元化的决策主体开始出现，从信息的生产到扩散环节，各大传播主体都体现出明显的决策能力，而传统意义上的知识生产者与行政参与者的决策能力，则与其他主体之间形成了平衡。

首先，从知识生产角度来说，农业科研专家的技术创新决策与企业或新农人群体之间展开了互动，企业和农民均参与到了技术创新的决策过程。关于农民群体的决策力转变，上文已重点叙述。就农业企业这一市场化主体来说，其对农业科技知识的较强诉求直接推动了农业科技的创新与更替。长三角地区的调研实践反复印证了这一点。企业一方面与农业科研单位展开项目合作，推动专项技术的创新发展，另一方面则大量吸收农业科研人才，将自己打造成某个农业生产领域的科技创新基地。无论采取何种方式，企业自身的生产活动与技术需求均直接或间接地影响到了农业专家的科研导向，农业技术的创新不再只是学术共同体领域的知识创新，而是构成了知识与生产相结合的实践性创新。

其次，在农业科技推广的环节，政府行政力量的决策力相对弱化，专家、农民和企业等参与主体的决策力逐步强化。尽管政府的农业科技推广力量并没有消退，甚至不曾减弱（如上海的新式农业科技推广模式），但在现实的科技传播网络中，政府的角色逐步发生着转变，往往从直接的信息传递者转变成促进整个传播活动有序开展的服务者。以上海市为例，政府机构的传统公益推广机制依然存在并发挥着作用，但在其新进构筑的"专家导向"模式下，政府仅仅扮演着农业企业或农民群体与农业科研专家之间的牵线人，并不参与到具体的传播实践中。面对具体的农业生产实践，传播何种技术、如何传播、传播中如何适应当地的生产实践等，均是由专家、企业以及农民在互动协商的基础上共同决策的。

最后，从整体上看，农业科技传播活动中的决策现象，呈现出从传统意义上的传播者导向往受传者导向转移的情形。我们认为，在长三角地区的新式农业科技传播实践中，传统的"传一受"二元关系框架，理应有所调整。传播者与受传者之间，不再是一方主动、另一方被动的交流形式，而是日渐处于平等交流的地位，共同成为新式传播活动的参与者。当然，如果我们沿用原有的看法，便可以说，在新式传播活动中，对信息传播方式和内容的决策，呈现出明显的从传播者向受传者转移的过程。作为互动中的共同主体，每一个参与者都参与到了决策的过程，形成一种共同决策的图景。在江苏、浙江和上海，我们看到的决策图景并不完全一致，某些地方可能农民更加具有决策力，另一些地方可能企业更加具有决策力。

决策力的位移，意在说明在农业科技传播的创新过程中，必须充分调动各参与主体的积极性，发挥他们应有的作用。农业科技传播不是一项简单的科技灌输或信息发送的过程，而是一个不断调试、彼此互动的技术文化适应过程。要想让科技更好地服务农业生产，实现农业科技与当地农业生产的贴合，每一个参与主体都需要充分提升自身的决策力，为技术在"扩散"环节的创新，提供助力。

第四节 打通农业科技传播的"最后一公里"

新型城镇化的当代中国社会发展进程，正逐步改变着我国农业生产的基本面貌。与城镇化相伴，农业生产活动愈加重视农业科技创新所带来的技术红利，农业产业结构的深度转型离不开新式农业科技提供的推动力。然而，技术创新在本质上是与现代城市的现代科研机构联系在一起的，如何将合适的技术送进"田间地头"并产生实际的生产效用，是技术"扩散"过程中最为紧要的命题。就此而言，技术的"发明"过程需要"创新"思维，技术的"扩散"过程同样离不开"创新"思维。只有采用具有创新意识的、准确恰当的传播路径，才能使技术越过"最后一公里"，与现实的农业生产活动相融合，与农民的劳动实践相呼应，真正实现"科技兴农"的农业发展战略目标。

以经济发展水平整体较高的长三角地区为调研对象，本研究尝试摸索了在新型城镇化背景下，农业科技传播如何打通"最后一公里"的几种可行的路径。在江苏省，以企业的连通性力量为核心，农业科技传播整合了农业科研机构、科研创新人才、农业院校以及农民群体等传播活动中的多维主体，激活了整个科技扩散的链条，将农业生产与新式农业科技联系到了一起。而在浙江省，企业所扮演的角色，则主要由"新农人"群体承担，新农人构筑了浙江农业科技文化传播的关键一环。此外，受地理环境与经济文化发展水平的影响，上海市又走出了另一种路径，政府行政力量在连接各方主体、盘活传播渠道的过程中，依旧发挥着与早期农业科技推广体系相似的核心作用，但在这里其具体职能已经发生了转变。

通过长三角地区农业科技传播的创新路径，我们不难意识到："扩散"活动的创新，很难找到"放之四海而皆准"的固定模式，即便是在整体发展相对均质化的长三角内部，也已经走出了各具特色的路径。由此，我们有理由相信，在幅员辽阔的中国广大农村地区，各省、各市甚至是各县都可以而且应该结合当地的农业生产实际，寻找到最佳的传播动力主体，走出各具特色的差异化传播路线。在安徽、河南、甘肃以及其他省市的对比调研中，我们也看到了有别于长三角地区的传播的创新路径，尽管有一些路径的特点并不那么显著。譬如在安徽省，广泛渗入乡村基层的"农资店"，不仅承担着农业科技产品的销售工作，还嵌入到了当地农业科技传播的多项活动当中。

当然，强调农业科技"扩散"过程中因地制宜地差异化创新，并非是要抹杀创新思维中的共性要素。长三角地区的经验既为我们呈现了几种不同类型的新型农业科技扩散路径，也为我们呈现了农业科技传播体系创新活动中的几项共性原则。

首先，不同地区的传播创新，需要寻找到能够持续带动整个传播链条不断运转的动力主体，这个主体既可以源自行政力量，也可以源自市场力量，其择定的标准在于该主体要有着鲜明的创新需求，且具有持久参与的动机；其次，在新型传播路径的搭建过程中，要明确各传播主体的角色，实现有机整合。无论是科技创新主体、行政参与主体、市场参与主体，还是知识收受主体，对于一个完整的科技传播活动而言，均是必不可少的保障力量，只有他们彼此各司其职，明确自身的主体责任，才能保障传播活动良性、有序地开展。这当中，又以提升知识收受主体，即农民群体的科技素养为工作重心。最后，农业科技传播的创新，需要以"决策力的位移"为现实的衡量指标，要让不同类型的传播主体介入到传播活动不同问题的决策行为上，实现共同参与、共同决策。尤需指出，作为传统意义上的收受主体，农民群体对于农业科技传播的决策力正在逐步提升，其主体性意识日益增强，在传播路径的创新中，当格外注意这一点，让农民群体真正介入到传播活动来。

农业是人类生存的根本之一。未来中国的农业生产实践，亦必将走向科技主导下的发展道路。在新型城镇化的社会背景下，我们不仅需要密切关注新式农业技术的创新，也要关注其扩散路径的创新，将农业与科技紧密地捆绑在一起。尽管本研究探索了创新活动的几种新式路径，也总结了未来农业科技传播的创新方向，但对于中国这样一个"农业大国"的农业产业转型来说，我们所做的工作仍是微不足道的，有待持续开展。

第六章　关于农业科技传播活动的补充思考

最后，我们将补充四篇相对独立的调研分析成果，单独构成一个章节。之所以选择这四篇分析成果，不仅是因为它们折射了调研团队在整个研究过程中的摸索与调整，更因为它们分别反映了农业科技传播领域的几个重要议题，结合前述章节的整体性推论来看，具备重要的比较和补充论证意义，值得呈现给广大读者。

《农业科技传播的方式、效果及其创新——皖中 DSL 村的实地调查》是课题组于 2014～2015 年前后在安徽省开展对比调研形成的核心内容。为了寻找长三角地区农业科技传播的共性与个性特征，我们对安徽、河南、甘肃等省份农村进行了走访。该文对安徽中部农村的科技传播现状进行了宏观叙述。

《中国农业科技信息传播的现状与趋势：从手机在农村的运用谈起》则聚焦在农村社会已被广泛使用的手机媒体，试图揭示这种移动传播方式将为中国农业科技传播带来怎样的可能性。

《阶段、议题与反思：农村传播研究 30 年历史回顾》和《近 10 年农村新媒体传播研究述评》是两篇综述性研究，成稿于调研活动初步开展的 2014 年。前一篇对 1980 年代以来的农村传播研究进行了整体回顾，试图寻找农村传播研究领域新的学术生长点；后一篇则对近些年的农村新媒体研究进行了总结，对于学界思考"新媒体与农村"这一颇受关注的研究课题具有相对重要的参照意义。

通过这四篇相对独立的差异化课题的讨论，我们期望能够在正论部分阐述的主题之外，打开关于"农村科技传播"这一议题的学术视野，提供更加多元的观察角度和学术观点，深化读者认识。

第一节 农业科技传播的方式、效果及其创新
——皖中 DSL 村的实地调查[①]

"科技兴农"是我国农业可持续发展的必然举措。立足农业大国的基本国情，在农村大力推广农业科技信息以实现农业生产方式的转变，显得尤为重要。2017 年，中央一号文件再次强调了农业科技对农业生产的重要驱动作用，并明确提出"支持各类社会力量广泛参与农业科技推广"。由此，农业科技传播已成为包括管理学、农学、社会学以及新闻传播学等多学科领域共同关注的课题。简单说来，"农业科技信息传播，即将农业科技知识信息通过各种渠道的扩散传达到不同受众群体或个体，从而实现农业科技知识信息的共享，促进现代农业的发展"（闵阳，2014）。那么，就传播学视域而言，当前农业科技传播究竟是怎样的呢？

为了解当前农业科技的传播与接收状况，本书作者于 2015～2017 年实地调研了安徽、江苏、浙江等地的多个乡村。此处，拟以数次走访的安徽省中部 DSL 村为个案，深入剖析上述问题。

DSL 村下辖 24 个自然村，耕地面积 5 242 亩，现有人口 4 472 人。该村以丘陵耕地为主，村中主要种植水稻、棉花、油菜等作物，间或种植花生、小麦、西瓜等。村里主要务农人员平均年龄在 55 岁左右，务农人员的文化素

---

① 本部分相关内容曾发表于《编辑之友》2018 年第 4 期。

养基本处于小学水平，只有极少数人读过初中。为印证 DSL 村个案的研究代表性，笔者还走访了安徽省另外两个城市的其他三个村庄，发现它们在农业科技传播问题上具有较强的相似性。

一、当前农业科技信息传播的四种方式

根据对调研村庄相关情况的总结，本文认为，当前的农业科技传播活动主要有四类方式，即行政传播、企业传播、媒体传播以及人际传播，各自的传播主体分别是政府、市场、媒介和个人。

1. 以政府为主体的行政式农业科技传播

政府主导下的农业科技信息推广在村级和乡镇一级分别展开。

村级的农业科技传播依靠两种渠道：一是挂牌在村委会名义下的农业科技推广站，二是农家书屋，两者的信息推广功能均十分薄弱。课题组了解到，多个村庄的农业科技推广站几乎长年没有农民到访，即使农民出现难题，他们也不会来推广站寻求帮助，农民普遍认为这一机构"就是挂个牌子的东西，里面也没人"。受访村庄的农家书屋五年前便已建成，藏书近万册，且主要以科技类和卫生类信息为主。但尽管如此，农家书屋也是整日大门紧锁，门可罗雀。

乡镇一级的行政类农业科技信息推广也有两种方式：一是派遣科技人员主动进入村庄，组织农民进行农业科技信息集中宣讲；二是将村中的种粮大户组织到镇上进行集中培训和学习。就前者来看，农民对于乡镇政府组织的农业信息推广活动并不感兴趣，大多数人并不愿意参加。每当遇到类似活动，村干部不得不采用给每一位到会农民发放数十元日用品的方式来调动他们参与的积极性。即便这样，很多受访村民还是表示"根本坐不住"。与之相比，第二种方式似乎更有效。譬如，DSL 村所在镇每年会组织种粮大户参加"新

型职业农民培训"，时间在 15 天左右，发放相关书籍，并定期开展电话回访。仅在 2014 年，就有 40 多位种粮大户在该镇接受了此类培训。

2. 以市场为主体的农资企业信息推广

市场主导下的农业科技信息推广主要由国内外农资行业的知名企业开展。依托较好的社会声誉，它们的新产品进入农村销售渠道，农民通常较为认可。具体到推广活动，一方面企业会主动组织农民现场参观新品种或新技术实际的生产表现，其调动农民的办法与村干部的做法类似，即给每一位参与者一定的实物奖励。例如推广某一新的水稻品种时，农资企业会在水稻收割季节组织大批农民走进种植该品种水稻的田间，在现场收割并组织称重，以表明该种水稻的亩产确实优于传统品种。另一方面，这些农资企业还会委托各处的经销商，尤其是深入乡村的农资商，对农业科技新品种展开田间试验，改良技术。

深入乡村的农资店，在农业科技传播活动中占据着十分关键的一环。这不仅由于经营农资店的基层农资商们能够与农民展开直接的互动交流，还因为他们能够帮助企业展开田间试验。这类实验活动的展开，本质上是商业交换行为。农资商 ZCW 表示："替大企业进行田间试验，多半是一种无偿行为。帮企业做实验和做推广，是为了取得经销权。只有当农民接受这类产品，而我在当地又有着独家经销权的情况下，才可能挣钱。"[①]显而易见，来自市场利益的推动是农资商进行信息推广的核心动力。

3. 以各类传媒为主体的农业科技信息扩散

借助媒介的农业科技信息传播同样在乡土世界如火如荼地进行着。包括

---

① 摘自访谈笔记。ZCW 自 1983 年进入供销合作社以来，一直从事农资行业，在 DSL 村有着较高威望。

传统大众媒介、手机和互联网新媒体等，都在不同程度上传播着农业科技信息，不同的群体对媒介信息的接收情况也不大相同。在农民群体中，通过看电视来了解外界信息是必要的生活方式。大部分农民都比较关注电视新闻以及央视七套的农业节目，且无一例外地不再接触报纸和广播媒体，更不会通过这类渠道获知信息。在走访的多个村庄中互联网并未大量普及，为数不多的接通互联网的家庭多是因为家中常年居住着一些不再从事农业生产的年轻人，他们需要通过互联网来维持社会交往和影音娱乐活动。此外，手机媒体在农民眼中还只是一种通信工具，通话仍是其主要功能，并未发挥明显的科技信息传播功效，用手机上网的农民也不多见。

不过，基层农资商却对各类媒介所传播的农业科技信息有着较多和较深的接触和理解。他们不仅观看电视农业节目，还大量收听农村广播电台，并长期保持着阅读报纸的习惯，例如《江苏农业科技报》便是农资商常年订购的报纸。不少农资店几年前就已经配备了台式电脑并接通了互联网，每天顾客不多的时候，基层农资商便会一直泡在网上查询农业科技信息。农资人论坛、安徽农网、中国种子网、天下水稻等网站是多数农资商每天必登的网站。手机媒体同样成为他们获知农业信息的重要渠道，他们在微信公众号中订阅了大量关于农业科技信息的公众账号，并与其他农资商建立微信群，积极展开互动交流。

4. 以个人为主体的信息生产与人际传播

在以往研究中，研究者们总是习惯性地将农民看成是农业科技信息的接受者，在很大程度上忽视了他们作为信息传播者，尤其是信息生产者的社会角色。举例而言，CEZ 是调研村庄中公认的种植能人，在农田管理和种植方式上有独到方法。他不仅积极了解关于农业种植的相关信息，还主动在种植过程中展开"实验"，寻求最佳的农田种植方式。然而，诸如此类通过自身实践或实验获得的实用性农业科技信息，在传播中却较为尴尬。CEZ 表示，"这些事情，我一般不会跟别人讲的。好朋友和家里人可以讲讲，外人就算了。"①可以这样来理解，此类诞生于乡村内部的原生态的农业科技信息，只能在一定的范围内发生作用，人们能否获知此类信息，关键在于他和这类乡村能人，即信源之间是一种怎样的"关系"。

除上述私人领域的传播行为之外，农业科技信息的人际传播还包括另外两种方式，其传播主体分别是种粮大户和基层农资商。种粮大户在接受了学习并回到村里之后，能够将接收的农业科技信息再次向下推广，形成一个"两级传播"的过程。农资商发挥了与种粮大户相似的作用，他将自身了解的来自媒介和市场的信息内容传播给了其他农民。事实上，这两类群体都扮演了农业科技传播活动中的"中介者"角色，类似于传播学中所说的"意见领袖"，他们直接给村民提供了科技信息支持。两类群体的不同之处主要在于，种粮大户往往是政府与农民之间的"中介"，基层农资商则是市场/媒介与农民之间的"中介"。

二、四种传播方式所发挥的实际效果

面对来自不同传播主体和传播方式的农业科技信息，农民通常有着截然不同的信息处理习惯，这些各不相同的传播行为也出现了颇具差异的传播效果。大体情形可参见表 6.1.1。

1. 行政力量下传播效果的分化

行政主导下的信息传播活动需要一分为二来看待。一方面，村民在整体上对上级政府较为信任，因而较能接受他们所宣传的农业动态、技术和政策

---

① 摘自访谈笔记。CEZ，今年 52 岁，已有 30 多年的种田经验。他的农田数量并不多，仅 60 余亩，算不上大户。然而，他的农田每年的收成都比别人家好，加上为人精明，是村民们公认的种植能手。

的宏观走向等信息。多位受访农民普遍表示支持国家所推行的土地流转等政策，认为该举措有利于农业基础的进一步发展。当镇政府或县政府将村里的农民组织到村外进行集中学习时，往往能够起到较好的作用。种粮大户会将此看成是上级政府对农民的关心，也更能接受他们提供的信息。另一方面，具体的科技传播行为很难由高层政府直接推广到农民那里，只能依靠基层政府和村行政组织。但是农民对于基层行政力量，尤其村级组织普遍抱有不信任的态度，他们对村里组织的信息传播活动也不以为然。因此在村庄内部，行政力量所能发挥的传播作用相对有限。

表 6.1.1　农业科技传播的农民接受态度与实际效果

传播主体	具体分类	农民态度（总结自访谈笔记）	接受效果
政府	基层村组织	"根本不相信""不接受"	较弱
	镇及以上政府机构	"总体上基本相信"	一般
市场	国内外农资龙头企业	"愿意尝试""基本相信"	一般
	一般农资企业	"不敢相信""不愿接受"	较弱
媒介	报纸与广播	"几乎不接触"	较弱
	电视媒体	"相信""不适用""不采用"	较弱
	手机媒体	"主要用来打电话""不上网"	较弱
	计算机互联网	"极少接触""年轻人的东西"	较弱
个人	乡村种植能人等	"不容易听到""绝对相信"	很强
	农资零售商	"熟人""通常比较相信"	较强
	部分种植大户	"熟人""通常比较相信"	较强

2. 市场信息推广的优势效果

与政府层面进行农业科技信息传播时常遭遇的尴尬不同，来自市场上那些农资企业的科技信息推广，在整体上能够实现较为良好的传播效果。这当中，既有企业营销策划的功劳，也有基层农资商的功劳。依托雄厚的经济实力，一批农资行业的龙头企业开展了一系列品牌推广活动，扩大了企业的知名度，渐渐在百姓心目中形成了特定的"品牌效应"。基层农资商在农民接受来自市场的信息过程中发挥了重要作用。以美国某公司的农药新产品推广为例，ZCW在当地较早取得了该农药的经销权。为拓展市场，他积极主动地向农民传播相关产品信息，邀请农民试用。由于 ZCW 与大多数农民都是"熟人"关系，他的推广常常能够赢得村民的信任，让农民接受并尝试使用相关新产品或新技术。

3. 媒介渠道传播效果的针对性发挥

媒介所传播的信息在农民和基层农资商之中有着截然不同的效应。尽管多数农民相信电视节目的内容，但却很少将节目中传播的信息付诸实践。如果说传播效果的发生包含"认知、态度和行为"三个层面的话（段忠贤，2013），那么来自媒介的农业科技信息传播只能影响农民的"认知"，至多是"态度"层面，却很少能够进入"行为"层面。究其原因，主要在于大部分电视节目的科技信息内容与当地农业生产实况并不匹配。由于受到电视媒介的商业属性的限制，科技类节目所介绍的各种农业新技术或新方法往往具有一定的"猎奇性"和"独特性"，不具备普遍推广的价值。所以在农民眼中，电视上的农业科技节目虽然"好看"，但"并不适用"。不过正如前文所说，媒介渠道在基层农资商那里实现了较好的传播效果。他们不仅大量接受来自传统媒体的信息推广，还主动通过网络媒体查找各类农业科技信息，提升自我的农业科技素养。

4. 个人的传播行为实现了最佳效果

在个人层面，无论是作为信息"中介"的基层农资商和种粮大户，还是作为信息生产者的乡村能人，他们的传播活动往往能够取得令人满意的实际效果。"中介"虽然分别代表了来自市场、媒介和政府的传播意图，但农民普遍认为，由于自己和他们之间保持的"熟人"关系，他们不敢欺骗自己，否则这些人将无法在乡村立足。"中介"发挥的作用，在上文已有论述，不再重复。值得一提的是，来自乡村能人私人领域的信息传播活动尽管"可遇而不可求"，然而一旦传播关系得以建立，受众往往无条件地接受。一位与种植能手 CEZ 保持着良好关系的农民 KCL 表示："我们是很好的朋友。他讲的话我是百分百相信的。比如他在农田除草方面很有办法，我听了他的话，现在田里一点杂草也没有。"

三、农民信任格局与科技传播效果之形成

中国是重视人情关系的国家，传统乡村更不例外，农民格外重视信任关系的维持与建构。因此，从"信任"理论视角去考察我国农村社会发展中的相关问题，往往能够得到一些颇具解释力的研究结论。能否从信任角度来理解农业科技传播中农民受众的信息接受效果？答案是肯定的。将传播研究与信任研究结合起来展开探讨并非没有先例。早前的研究中已经出现类似做法，譬如卡尔·霍夫兰（Carl Hovland）的"信源可信性"实验。有学者已指出，"在传受心理关系上，传媒能否获得受众信任是传播形象的要素，达致传受信任是较高的传播境界"（陈力菲，2011）。

依托调研实践，当前农业科技传播中农民的信任关系可以归结为三重逻辑：一，如果信息本身较为简单易懂，那么农民对于信息接受与否主要建立在一种"具象信任"的逻辑之上；二，当传播内容相对复杂，农民较少去判断信息本身的优劣，转而去分析那些告知自己信息内容的直接传播者是否值得信任，如果这些传播者是具体的个人，那么此时农业科技传播活动就被带入了人际关系层面，农民遵循"差序信任"的接受逻辑；三，如果这些直接传播者是行政机构或市场组织，那么此时的传播活动就进入到制度层面上，农民所遵循的则是一种"逆差序信任"逻辑（图 6.1.1）。

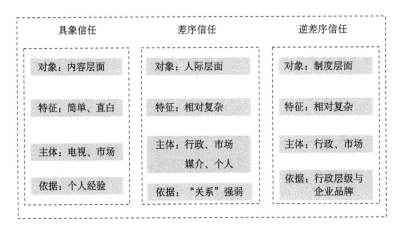

图 6.1.1　农业科技传播中农民信息接受的信任逻辑

1. 具象信任：农民自身的经验判断及其局限

"具象信任"算不得社会科学研究中的"常用词汇"，只是少量学者在总结乡土社会的信任逻辑时，曾有所提及。它指的是"农民的信任都是非常具体化的，往往是指向具体的人和事的，抽象的理想、主义、组织、制度等很难被作为信任的对象"（黄家亮，2012）。"具象信任"指涉了农民所相信的事物形态和内容的特征，即农民比较相信具体而实在的事物，对它们有着自己的直觉判断；而对那些长期的、抽象的或理念性的传播内容往往不予理睬。因此，要实现农业科技信息的有效传播，就需要让农民相信传播的内容不仅真实，而且可行。当前乡村从事农业生产的农民，大多有数十年的农业生产经验。他们在面对外来的科技信息时，首先会依据自身经验进行辨别。当然，这种情况通常只在信息内容相对简单的情况下才会发生作用，出现得并不多。例如，电视上农业节目中推广的新技术在调研村庄中普遍不被接受，主要就在于农民依托自身经验就已经能够判断出多数新技术在当地并不适用；再比如，由农资企业组织的农民现场参观活动可以直接将新品种或新技术的生产优势呈现给农民，这种"眼见为实"的传播方式同样较易实现有效传播。

　　然而一个基本现实是，受访村庄的农民平均年龄在 55 岁上下，文化水平并不高，他们自身很难完全从内容上对来自各个渠道的信息展开辨别评价。农民认为各类信息总是"各说各的好，老百姓都摸不准，不怎么相信，也不敢相信"。对此，他们便不再过度执着于对信息内容本身的评析，多半转而去考量自己接收农业科技信息的直接信源是否值得相信。如果是，则相关信息较容易在农民群体中发挥实际功效；反之则很难接受。所以在更多的情况下，农民最为关心的问题不是"说了什么"，而是"谁在说"，即自己是否相信直接接触到的传播者。这就直接将农业科技传播引入另外两种信任格局。

2. 差序信任："关系"强弱直接影响人际传播效果

　　"差序信任"基本得到了社会学界的认可。该概念源自费孝通的"差序格局"理论，它表示的是乡村中个人与他人信任关系的强弱主要取决于个人与他人之间情感关系的亲疏远近；当彼此之间越亲近和了解时，信任关系越强（黄家亮，2012；谢舜、周金衢，2004）。"差序信任"在今天乡村人际交往中较为普遍。当农民接收到的复杂信息主要来源于个人时，这种信任逻辑便会发生作用。

　　一方面，当农业科技信息的直接传播者与农民受众之间属于私人生活领域中的亲密关系（亲人、密友等）时，信息传播的效果最佳，信息内容能够在最大程度上被农民接受。在这类传播模式下，很少存在怀疑的成分，受者通常对传者的信息予以无条件的信任与接受。农户 FDS 的兄长是邻村种植大户，他表示："我承包土地就是在我哥的指导下开始的，他有很多年的包地经验，碰到什么难题，我只相信他的。"另一方面，当信息的直接传播者脱离私人领域，进入到熟人社会更为广泛的信任关系中之后，信息的接受程度开始有所下降。这类信息主要由种粮大户、基层农资商等乡村"意见领袖"向农民传播的，他们并不是真正的"信源"，只是信息"中转站"，传达了来自市场（企业）、媒介和政府的内容。但在农民看来，他们就是"信源"。农民与他们之间多是乡里之间的熟人，甚至可以攀亲带故，因此较容易接受他们的信息。但是，这种信任关系并不绝对。当"中介"的某种行为与农民发生利益冲突时，信任关系也可能消失。一些学者将农户与农资商之间的信任关系称为"被动信任"（张蒙萌、李艳军，2014），同样说明了这一点。

3. 逆差序信任：行政与市场主体的传播效果

对"逆差序信任"的探讨主要表现在农民对政府的信任中。在这种格局下，乡土社会上有着"对中央政府的高信任度，对基层政府的低信任度，且随着政府级别的增高，对政府的信任也随之增高"（符平，2013）。调研发现，农民在农业科技信息的接受中同样存在类似情况，即对高层政府的传播活动较为信任，对基层行政组织则不大乐意接受。另外，农民对市场信息的接受行为同样属于一种"逆差序格局"，它主要表现在农民对国内外知名企业抱有较高的信任度，而对那些活跃于本省市的小型农资企业普遍抱有不信任的态度。

就行政机构来说，它在农民心中可以简单分为"上面"（镇以上的政府机构）和"下面"（基层村组织），越是高层政府，信任度越高。"中央媒体享有绝对的话语权，也为中央政府塑造了正面积极的形象。但是地方政府，特别是基层政府，扮演的则是转发与传达的角色，常常与乡村居民近距离接触，误会与冲突在所难免"（刘小燕等，2014）。由于镇及以上政府在村民心中有着较好的公信力，当部分农民，尤其是种粮大户被组织到"村外"进行学习时，传播的效果较为明显。而由村委组织插手的农业信息传播活动，则收效甚微，农民经常表示怀疑。市场的农业科技信息推广与政府较为相似，不同之处在于前者依靠企业的品牌声誉，后者依托政府机构在村民心中的社会公信力。所以，有影响力的农资企业往往能够较好地推广新产品和新技术，而小企业的传播力和信任度则差很多。

四、创新我国农业科技传播模式的两种路径

经上文分析可知，农业科技信息要想发挥较好的传播效果，赢得更多农民的接受，有两种可供选择的路径：一是让传播的信息内容足够简单和有效，能够适配农民的整体文化素养。二是在实际的传播信源与农民受众之间寻找固定的"中介群体"，该群体既能接受和理解来自信源的科技内容，又能与农民保持良好的信任关系。

1. 在传播内容上确保信息的直观与有效

由于农民群体整体文化水平不高，因而他们能够理解的信息内容通常较为简单直白，最好是在他们自身的生产与生活经验能够理解的范围之内。譬如说，大部分农民都喜欢观看电视节目，因为来自电视节目的画面、语言往往生动形象，很好理解和吸收。再比如，由企业组织的现场观摩活动也可以让农民在短时间内了解农业新技术或新产品的生产优势。因此，应当加大此类信息内容的推广力度，便于扩展农民的认知视野。在针对华北农村的调查中，有学者发现了另一种简单有效的农业科技推广方式，即农业科技标语。研究者表示，科技标语是广受农民欢迎的科技传播渠道，原因就在于它们"符合农民的愿望和需要；就事论事，可操作性强；易于农民理解"（陈印政等，2014）。

直观只是第一步，要想让农民接受农业科技信息，还应当确保信息内容的有效，实现针对性传播，这在电视媒体中表现得尤为明显。众所周知，电视是当前乡土社会农民接触最多的传播媒介（郭绪全等，2008）。然而，笔者在调查中却发现，电视几乎没有在农村发挥任何实质性的科技传播功能。究其原因，就在于以央视七套为主体的农业节目推广的技术或产品往往不具备普适性，在调研村庄的实际生态中，并不适合采用。故电视等媒介传播活动

要了解农民实际生产实况，了解农民信息需求方向，要实现针对性的有效传播。仍以电视为例，仅仅依靠央视七套这一全国性的农业频道来推广农业科技信息远远不够，各地方电视台应当加大农业科技推广力度，根据当地的农业生产特征，针对性地向农民传播直观有效的信息内容。

2. 在传播方式上引入农民信任的"中介群体"

农民对直接传播主体的信任关系直接影响到其实际的信息接受行为，因此在建构农业科技传播模式时，可以有效利用农民的这一心理，尝试引入信任机制，努力在传播者与农民受众之间寻找被农民信任的"中介群体"，实现有效传播。

第一，依托农村私人领域的农业科技信息传播，虽然能够实现最大化的传播效果，但这种传播方式目前尚不具备广泛传播的条件，它多是围绕乡村种植能人及其家人、亲友之间展开的小规模传播行为。因此，要想推广种植能人的私人化的农业科技经验信息，只能是由政府，而且应当是上层政府（因为目前的行政村组织普遍不被农民信任），出面对种植能人提供一定的社会补偿或奖励。譬如，政府可以设置诸如"乡村种植能手"之类的社会荣誉称号，给予一定的物质奖励，提升乡村能人的社会荣誉感和责任感，从而调动他们扩大推广自身经验的积极性。同样，鉴于他们在村庄农业生产中有较好的声望，政府也可以组织各个村庄的能人进行集中培训，将他们变成传播政府信息内容的"中介群体"。

第二，政府应当将"种植大户"这一群体转变为乡村科技信息传播的一类"中介群体"，纳入农业科技传播的宏观体系之中。目前，政府主要针对大户展开农业技术培训，尽管大户会在乡土人情关系的作用下，对农民展开一定的信息再扩散，但毕竟属于自发行为，不能实现常态化运作。政府部门需要做的就是不再将"种植大户"仅仅看成是接受培训的对象，而是采用一定的行政或经济手段将他们转变为科技信息扩散中稳定的"再传播者"。

第三，基层村组织要努力转变自身的行政形象，建立与农民之间的信任关系。根据调查，当前农村村组织在农业科技传播中发挥的力量极为有限，这往往并不取决于他们所提供的信息内容的优劣，而在于村组织根本不被农民信任。事实上，政府部门关于农业科技传播的具体政策和实施都离不开村行政组织的具体执行。如果村民根本不信任村组织，那么传播的效果将很难实现真正的提升。

第四，在政府主导的行政传播之外，农业科技传播还应当积极吸纳市场的力量。在农村农业科技传播中，市场事实上发挥了整体上最具优势的传播效能。它不仅能够在传播内容上做到简单有效，还能在传播方式上借助诸如基层农资商这一类"中介群体"来传达自身的信息内容，实现熟人信任关系中的信息沟通，有效地提升农民的信息接受程度（牛桂芹，2014）。因此，创新农业科技传播模式，必须考虑融入来自市场的传播能量。

五、结语

在农业科技信息的传播活动中，农民从心理上接受与否，不仅取决于信息本身的内容及其特征，还在更大程度上取决于他们对直接的信息传播者的信任程度。在创新农业科技传播模式过程中，我们不仅需要从内容的角度着手，给农民提供他们需要的、直观有效的内容，更应当从农民的信息接受心理角度着手，在信源与农民之间搭建良好的信任"中介"，依托"中介群体"与农民之间良好的信任关系，实现传播效果的最大化。值得一提的是，市场力量在当今农业科技传播中发挥了越来越关键的作用。故而，能否在保持行政力量下信息推广力度的同时，更加扶持来自市场层面的传播效用，或者将行政力量与市场力量有机结合起来共同完善乡土社会的农业科技信息传播体系，是值得探讨的一个方向。

第二节 中国农业科技信息传播的现状与趋势：
从手机在农村的运用谈起

21 世纪以来，我国互联网发展速度惊人，农村互联网的接入数量也随势迅猛增长。本世纪初（2001 年），笔者曾对经济发达的苏南农村做过一次入户调查，那时的农民，对电脑都是知之甚少，遑论网络，几乎没有接触。大多数听过或见过电脑的村民是进城读书的高中、大学生，或到乡镇网吧玩游戏的中小学孩子们。而手机，即便在城市也只是一种便于携带的通信工具，因为价格的缘故，它在农村还是一种奢侈的、新鲜的"玩艺"，它的炫耀性大于使用性，更多的是一种身份的象征。

2003 年始，我国政府尝试在全国 12 个省（区）开展农村党员干部现代远程教育试点工作，通过互联网方式辅助前端播出平台，深入到试点地区的乡镇和村委会，对试点地区用户实施远程教育。笔者从 2006～2007 年间，以访谈、问卷调查、集中座谈、田野调查等方式，对江苏的政府远程教育网络在农村受众中的使用情况进行了调查。调查期间，我们看到，经过几年的发展，农村互联网已经初步形成了规模，农村网民从无到有，从听别人说到亲自接触，从被动完成上级布置的远程教育任务到对电脑的功能逐步形成需求。笔者在调查报告中曾经指出："在推动农村现代化进程的过程中，政府的外驱动力是非常重要的。通过政府的外驱动力，保证了部分农村网络基础设施的建设，通过政府的外驱动力，也培养了农民受众对网络的内在需求习惯。"

政府的这个外驱动力，成为农村地区网民发展的始推动力。此后，农村网民规模明显有了加速的增长。据《2007 年中国农村互联网调查报告》：截至 2006 年，农村网民已经达到 3 741 万人，在农村 7.37 亿居民中，互联网普及率为 5.1%；《2008～2009 中国互联网研究报告系列之中国农村互联网发展状况调查报告》中，能看到农村互联网的发展速度更为明显：全国 98% 的乡镇能上网，95% 的乡镇通宽带，全国有 27 个省份已经实现"乡乡能上网"。2008年，全年共为 12 364 个行政村开通了互联网，全国能上网的行政村比例达 89%，已经有 19 个省份基本实现行政村"村村能上网"。网民的年增长率已经超过 60%，远高于城镇 35.6% 的增长率。尤其令人关注的是，即便在云南等地的交通极不便利的边远山区，也逐渐实现了移动 3G 网络的覆盖，从技术上逐步保证这些边缘地区与现代信息社会的对接。

正因为 3G 及随后而来的 4G 应用的开发，一个新媒体的爆发力呈现了出来，这就是作为移动终端的手机。2008 年年底，手机上网在农村网民中，达到了 47.4%（城镇中利用手机上网者在网民中仅占 36.5%）。截至 2014 年 12月，我国网民中农村网民占比 27.5%，规模达 1.78 亿，较 2013 年底增加 188万人。较之其他上网设备，农村网民使用手机上网的比例最高，为 81.9%，手机网民规模为 1.46 亿。[①]

在这个日渐迅猛扩大的农村网民群体中，我们看到了手机在农村发展的巨大潜能。

一、与城市网民相比，当下农村网民更钟情于手机

1. 流动性的生存状态

据资料显示，利用手机上网的农村用户中，外出务工人员较多。而这些务工人员，大多家仍在农村，他们也大多处于流动状态，为了与家庭保持即时联系，所以一旦经济条件许可，都会购买手机。同时，进城务工的农民，

[①] 此处综合参考了中国互联网络信息中心发布的系列调查报告。具体包括《2007 年中国农村互联网调查报告》第 4 页、《2008～2009 中国互联网研究报告系列之中国农村互联网发展状况调查报告》第 6 页、2015 年《中国互联网研究报告系列之中国农村互联网发展状况调查报告》第 30 页、《2014 年中国农村互联网调查报告》第 8 页。

在城市居住的空间都较逼仄，且流动性大，常随着工作单位的变动而变更住所，因此，一台电脑的摆放与携带，其便捷性当然不如手机。

2. 空巢家庭人员稀少

现在许多农村的家庭状况是青年外出打工，家中或仅有一二位老人，最多有个未成年人。农村老人吃苦耐劳，七十多岁仍不习惯待在家中，常常会去自己的田里干干活。体力更好些的，会去附近的种植大户那里打打工。家中经常无人，固定座机已成摆设，所以大多数空巢家庭已经不装每月要交固定费用的座机了，改为配置手机了。笔者于 2014 年年底在苏南溧阳市上兴镇四个村做了一次调查，发现一个很大的变化，许多农村家庭已经没有座机了。他们告知笔者，"家里孩子来了电话，人在地里，座机听不到，听到了也赶不回来，手机可以带在身边。"有家庭条件较好些的，还会给读书的子女也配上一部手机。

3. 手机的便携性、私密性及多功能性

远在异地的打工者与留守家乡的老人或妻小，双方都会有思亲的愁绪，会有各自的孤独。当双方手执一部手机，便方便了联系，有什么需要沟通的事、需要排解的烦恼、想要分享的快乐，拿起手机，声音就能迅速地联系起两方，如果有视频功能的，还可看见彼此，这种交流可以减少孤独感。尽管电脑也同样可以起到视频的作用，但它要求事先联系好，否则很难知道对方是不是一定在电脑前。同时手机的私密性更好，在通话时可以找一个无人处或安静处，与对方窃窃私语。况且，现在的智能手机，功能不输电脑，不仅可以随处通话，而且可以发短信、邮件，可以视频，可以下载，其随时随处移动的便捷，远超台式电脑。

4. 手机价格实惠、技术门槛低

为扩大农村消费，促进农村建设，2007 年 12 月，由国家商务部、财政部共同组织了家电下乡活动，采取政府财政直补方式，对农民购买的包括手机在内的家电产品，给予销售价格 13% 的补贴。同时，中国移动、中国联通、中国电信三大运营商均开始涉足"家电下乡"活动。中国联通推出购买指定手机并入网，还可以获得中国联通赠送的手机话费、上网费等。尽管"家电下乡"政策先后在 2012、2013 年结束，但从中培育出的对手机的惯性消费却会产生延续性。加上现在手机价格两极化，既有价格不菲的高端手机，也同样有 800 元上下就可以搞定的廉价智能手机。在这样的情况下，手机受到农民青睐是理所当然的了。

此外，手机上网相对电脑的技术门槛更低，对于文化程度不高、学习技术有难度的农民来说，手机更容易掌握。而网络覆盖加上三大运营商通过网络套餐进行的推广宣传活动，又从价格优势以及便利性方面吸引并促进着手机用户向手机网民用户的转换，于是手机便理所当然地成为互联网向农村地区渗透的重要途径。

上述原因，决定了农民用固定电脑上网的比例低，用手机上网的比例高。即使他们过年过节回到家中，也会因为习惯，或因为农村上网条件不够好而仍然使用手机。虽然"屏幕小"会成为它与电脑相比的重大不足，但也因为其小，所以便携性又成为手机超越电脑的一大优势。

5. 手机是农民的重要娱乐工具

手机作为网络终端，在农村已然具备了超越电脑的优势。那么，对于农村网民而言，除了通信，手机还在发挥哪些功用？

2015 年 1 月发布的《中国互联网发展状况统计报告》明确指出："对于农村网民而言，互联网尚未从单纯的娱乐工具转变为其生活服务平台。"就是说，当手机对城市网民来说，其功能已经远远超越娱乐，在生产、生活方面开始提供各类便利、提供各种有效服务时，对于大多农村网民，手机除通信外，主要还是用来玩游戏。换言之，相对城镇网民，农村网民在生产、生活方面，对于网络的依赖程度还较低。

这一信息恰好从另一角度表明手机的功用开发，在农村还有着巨大的潜能，还有很广阔的开拓空间。

二、手机的特性决定它能成为农业科技传播最具实效的平台

在手机成为农村网民主要媒介时，如何更有效地发挥互联网的功能，使之为农村网民的生产与生活提供更多更便利的服务，便成为一个非常值得探讨的问题。

手机横空出世，正因为其独到的特性。被誉为"数字时代麦克卢汉"的保罗·莱文森（Paul Levinson）这样评价手机："独立于手机的互联网，开发了海量多样且易于检索的信息。加上手机之后，我们不但能够获取这些信息，而且能够在阳光下、大海边、山顶上或城市中心的繁华街道上与任何人交谈，想和谁交谈都行。有了手机之后，我们就不必二者必选其一：信息或现实、交谈或自然。那真是两者都可以得到"（保罗·莱文森，2004：151）。

要言之，它打破了"交流不移动，移动不上网"模式对人类的束缚，成为"一个可以漫游的媒介之媒介"（保罗·莱文森，2004：48）。

保罗·莱文森强调了手机最重要的优点在于它将一度锁定在电脑前、电话座机前的人群解放出来，人们可以在运动状态下接收信息、生产信息、远程收发信息，换句话说，手机最适合既不在家中也不在办公室里的那些移动着的、不断变换地点的人群。这一特性，对于农民而言具有重大意义。大多数处于工作状态的人，都会在一个相对固定的地点安置通信工具、上网工具。而农民在工作状态时，其场域却多为田边地头，缺少上述的稳定条件。在农

事进程中，他们可能急于要咨询专家，获得指导；可能需要租用某些机械设备，解决当下的问题；也可能需要打听市场行情，决定产品的去向，等等。如果接通手机，就能得到一对一的指导、得到即时快递的商品、查询到各类有效信息。那么，他们还有什么必要回到家中的固定电脑前，或者匆匆赶往某个农科站或销售市场去获得答案与物资呢？

三、智能终端运营商关注对农传播、提供对农服务业务

在手机对农传播功能的开发中，电信业以其网络和渠道的双重优势，走在了最前列。中国联通 2006 年 7 月开通了"农业新时空"，其宗旨是整合中国联通覆盖广大农村的移动网络、数据网络和互联网资源，通过手机、农业信息机等多种方式将乡镇信息员、农村信息采编人员以及 SP/CP① 提供的农业信息，以短信、移动互联网等方式传递到农户手中。其中，为解决农业信息来源问题，中国联通开通的"农村新时空"，以在乡镇或大农产品批发市场设立信息站的方式，由信息站的信息员及时收集当地农业信息。这一举措，使得农业信息员发挥了较大的信息传递功能与作用。该项目已经在全国如四川、陕西、云南等数十个省全面启动。

中国电信也于 2006 年 7 月启动了"千村万户"工程，开始正式推进农业信息化服务业务。其官网显示的"致富通"业务，强调以服务"三农"为目标，通过语音、短信等方式，为广大农民朋友提供最新政策、农业科技、市场供求、价格行情、务工求职、健康指导等专业信息化服务，满足农产品的生产供销及农村民生问题等需求。用户在申请业务后，可以通过拨打"致富

---

① SP/CP 是 Service Provider/ Content Provider 的缩写，在网络中通常是指"在移动网内运营增值业务的社会合作单位及提供内容服务的社会合作单位"，亦称"服务提供商及内容提供商"。

通"热线，与农业技术顾问进行农业种植技术问题交流，其优势为专家坐席专业解答，同时也可在线收听农技知识及娱乐节目等特色自动语音服务。

中国移动的声势最大，涉及范围也最广。2006 年 10 月中国移动开通了农村信息网平台"农信通"，推出网站咨询、热线咨询等服务功能，此后又逐步推出"务工易""百事易""政务易""商贸易"等产品。拟将中国移动农村信息网打造成为涉农信息的聚合与发布平台、政府/企业与农户的信息互动平台、城乡之间的信息沟通桥梁。在对其热线的介绍中提到：该热线是中国移动为广大客户提供的全国最大规模的公益性农民信息服务平台，面向全国 31个省、直辖市、自治区的中国移动客户开放，主要为农民、农民工及城市低收入人群等提供包含求职招工、供求买卖、交通票务、彩票投注、天气预报、创业致富、预约挂号、农业科技、生活娱乐等综合信息查询服务。2010 年，中国移动提出：要将该热线打造成为农民的信息中心，提供所有和农民衣食住行相关的信息服务。同年 12 月，英国广播公司对"农信通"进行了专题报道，称其是中国农民的"Face book"（社交服务网站）。

从三大运营商在对农传播中的宗旨提出、目标实现、业务服务等介绍中，我们可以看到，各大运营商都试图解决农村信息来源和信息传输的两大农业信息化难题，都希望成为农村现代信息化进程中打通"最后一公里"的先行者。

四、以打通信息化"最后一公里"为目标的网络运营实效

现代信息化进程中，作为媒介服务，其实就是将各类需求的信息高效汇集、高效扩散。所谓高效，也即适时、适用。交流中的信息凝滞，必然影响扩散的效率。

三大运营商的对农服务，总体来看均有成效，但远不能说做得很好。

以中国移动"农信通"为例，截至 2010 年，已经累计投入超过 300 亿建

设"村通工程"，投入经费很大。尽管硬件看起来不错，后期服务却没有跟上。

点开"农信通"的农业资讯版块，有"田园易购""田园悠游""魅力乡村""家园社区""农商汇聚""农业知道""业务专区"等栏目。每个网页都很漂亮，内容丰富多彩，各类信息一应俱全。笔者试图测试一下栏目的实用性，打开"田园易购"，果然有众多的农副产品出售，点击了其中叫做"合家农场土鸡蛋"的产品，该产品被解释为"正宗散养土鸡蛋，口感良好"，每箱60枚，3千克售价158元。当点击"购买"，却被告知："抱歉"。就连从销售地重庆市渝北区，至购货区重庆市，也被告知："抱歉！暂不能配送该地区。"继续点击诸如"老蜂农党参蜜""东溪豆腐乳""潼南张油匠菜籽油""苗妹香米"等产品，一律无法购买。打开其他栏目，诸如"农商汇聚""农业知道"等，也都是大路货信息多而针对性信息少。

这些漂亮的网页，看起来很有"噱头"，但是你一旦进入，就会发现没有实效，或曾经有效但没有长效。

为什么花费如此大的精力制作得如此精美，却不能产生应有的效果呢？原因固然可以找到很多，但有一条是最根本的，就是这些网站缺少消费者。消费是生产的目的和动力，消费能调节生产；在有效需求不足的情况下，生产必然缺少动力，这是生产与消费的辩证关系。如果一个网站长期要通过"烧钱"来完成其运作，那么，除非是公益网站，或它有一个源源不断的资金链，否则它很难持续提供确有成效的内容，因为缺少再生产的资本与动力。

所以，未来的网络科技信息传播趋势应当是，充分利用相对成熟的网络技术优势，理顺科技信息传播的内部结构关系，发挥各个环节的正能量，从而形成自我造血机制，形成科技传播信息过程中的自身良性循环。

五、如何促进农业科技信息传播进程的良性循环

1. 引导与适应，促进信息消费的欲求与能力

没有内在需求，很难促进消费，没有消费，很难刺激生产，这是一个逻辑链。要想促进信息化、城镇化、农业现代化同步发展，信息消费的欲求与能力是一个非常重要的检验指标。在农村网民信息消费还局限于通信及网络游戏的当下，如何开发及培育农村网民信息消费的需求与能力，需要政府、行业等各个方面形成合力。从移动运营商的角度来看，一是在引导上下功夫，二是真正做好适应性服务。要重视宣传，强化引导，要让农村网民在打开手机时，就被提醒、被告知：手机有大量的增值服务，有一个信息服务产业链，可以使自己生产、生活更便捷、更实惠。那么，一旦农民有了需求时，会想到这些提示与告知，尝试着使用，一旦形成习惯，内需就日渐形成。当然，这一习惯的前提是信息的有效性。

上文提到各大运营商的对农网站，都很华丽，但显然不够"实惠"。即使有农民愿意尝试，可能也会被这些炫丽的网页及繁复的内容吓退。事实上，这些对农网站不必大而全，但一定要精当。同时，无论从网站自身利益还是从服务"三农"的角度来看，运营商都有责任与义务让农村网民从不畏惧、到熟悉、再到离不开。

2. 理顺研发者第一传播主体的地位

近年来，我国农业科技研发取得了卓有成效的进展，但大量的科技成果止步于展品、样品，未能转化成科技生产力，从而有效地服务于农业生产。

作为农业科技研究的主体，如研究院所、大专院校，由于体制及激励机制导向等多种因素，在研究价值的取向上，仍然是重学术、轻应用，重展示、轻推广，科技成果止于结项，成果有效转换少，因此形成有效供给

不足的现象。

此外，就我国目前农业科技推广服务的模式来看，传播者的主体不是农业科技成果的拥有者，而是基层政府的农技推广部门。这种模式，更关注科技的最终成果，相对忽略了科技成果在研究开发过程中的诸多影响因子，因此，该模式很难解决农业生产进程中许多必然发生或偶发、突发的问题。其次，许多基层的农技推广人员，文化层次及技术能力均相对较低，这种"二次传递"必然会导致传播过程中的信息衰减，不利于农业科技信息的有效传播。

过去，我们将农业科技传播作为公益事业，以政府行政模式加以推动，农民接受什么样的新技术、怎么样接受，都是由行政规划的。在耕地集体使用集体共享的机制下，这显然无可厚非。但耕地归农民个人所有后，却未能及时建立相适应的科技传播体系。要言之，在科技成果拥有者及所委托的传播者与需求者之间的供求机制还未完善地建立起来。而建立这一供求机制必有的一步，是强调农业科技成果研发者的第一传播主体地位。明确了这一地位，由研发者带领，形成科技传播团队而非行政组织的传播体系，才能与被传者准确对接，针对农户需求进行研发，引导农户正确运用科技成果。这种模式不仅能较好地推动农业科技传播，同时也保证了研发者的利益不受到侵害，激发了研发者的积极性。

3. 强化受传者在农业科技传播中与传播者的"主体间性"认知

过去，我们更多地从传播主体、接受客体的角度来思考信息的传播，尽管我们会研究"受众"，但这一立场大体还是基于主体传与客体受的关系。

"主体间性"（Inter-subjectivity）也即"交互主体性"，它打破单一主体的状态，确认自我主体、他人主体，以及其他主体之间的平等对话关系，这是一种主体间的共在。在当下的农业科技信息的传播中，经常出现的是政府行为决定农业科技信息的供给与需求。无论动机有多么良好，但它忽视了信息被传者对信息的需求能动性，换言之，忽略了接受者在选择信息上的这种主体意识，也就违背了科技扩散的基本规律，限制了良好机制的建立与有效功能的发挥。

传播学中的使用与满足理论告诉我们，受众在众多信息中具有选择能力，但这里的"选择"是受众对于传播者提供的信息的"选择"。武汉大学的单波教授曾将这里的受众群体，称为"公众的类主体化"，即"强调主体的集约性、群体性和人类性"（中国社科院新闻研究所、河北大学新闻传播学院，2011），很明显，这种观点忽略了主体的独立性。

应当说，在与主体利益关联性不紧密的情况下，以集约性、群体性、人类性为主要考虑方式的传播，是可行的。这也是大众传播媒介存在的合理性。但在关乎农民命脉的农业生产方面，农民的主体性意识就表现得极为明显。作为传播者一方，只有改变认知，将传统的单一主体的"一对多"方式，转为"主体间性"的思维方式，与对方进行平等的自我主体与他人主体间的对话，才能令农户减少对结果不确定性的担忧。

换言之，在农业科技信息传播中，一旦忽视了这种交互主体性，忽略了二者间的平等沟通、对话，忽略了农民在这类信息的选择中的极强烈的主体意识，那么，这种传播功效就会衰减至零。因此，对于农业科技信息传播中存在的主体间性的认知，对于农民作为个体而非群体的主体性的认知，是在信息制作、传播中应当高度关注的。也正因为此，手机灵便的交互性在其间的功能不可轻视。

4. 制定相对定向化的、稳定的专家咨询库机制

从主体间性理论的立场出发，我们认为，针对性、定向化是非常重要的对农服务思路。

菲利普·科特勒等人（2002：68、78、17）曾著有20多本有关营销学的著作，其中之核心始终是如何针对消费者，如何传递具最高价值的设计。其

《科特勒营销新论》中，更是强调"企业必须把重心从'产品投资组合'，转移至'客户投资组合'之上"。更多地关注"客户在考虑什么，要的是什么、做的是什么，以及担忧的是什么……谁会对他们具有影响力"，而且其生产目标也"从大量生产转变为客户量身定做"，"从大众市场转变为专属个人的市场"。确定目标消费者，力求做到市场细分，力求为目标消费者提供独特的设计，这就是针对性。针对性显然也是我们为农服务的题中之义。

纵观我们前面所提到的各类农业信息网的缺点，其中值得斟酌的正是这个"针对性"问题。

据说中国移动"农信通"热线现有数百名员工接听全国用户的来电，提供各类农业产品销路信息、农业生产生活信息的咨询服务。除了常规咨询，还为用户提供了专家咨询。此外，以蓝畴网络为技术支撑的"中国种田大户服务网"，是一家面向种田大户、家庭农场的专业型门户网站，据说拥有一个多年从事农业科研、生产、经营并具备实战经验和实践水平的专业团队。宗旨是"为中国规模种田提供最专业的免费服务"。

但这里面有一点需要推敲：既然是面对全国给予咨询，显见专家们都是通用型的，农户如果需要有针对性的帮助，仍然需要去寻求更准确的技术指导。所以，通用型的专家固然应当有，但是针对性强的专家更为可贵。如果服务于"三农"的公益活动，就如同城市医疗咨询公益活动之类，大体给予一个诊断，然后建议再到医院去接受诊断，那么对于农户而言，仍然不能解决具体的问题。

因此，针对不同地域、不同种植养殖品种，制定相对定向化的、稳定的专家咨询库机制尤为重要。类似医院分科医治，比如东北地区水稻种植专家、华东地区或浙江沿海地区螃蟹养殖专家、华南地区果园种植专家或病虫害治理专家，等等。要言之，这些专家，应当是在特定地区特定品种的种植养殖方面有自己一系列的科研成果支撑并具有指导能力。也可以建立这样类别的专家库，其中的专家按其科研成果研发于何类地域来分，其成果适应于哪一类地区、环境、气候、土地状况；又或者专家对于哪一类地区的各类农业信息非常熟悉，知道该地区适合哪些农作物，等等。

还可以有这样一类的专家库，即生产流程专家。负责针对农业生产资料的使用，如农药、化肥、种子，使用何种农药、使用量是多少，使用何种化肥、使用量与时间的把握，提出咨询建议。当然这一类的专家仍然需要具有地域针对性。当下中国的农户，对于农业生产资料的使用还未达到了然于心的状态，比如种子的质量与使用方式、农药打药后监测过程、化肥使用的精准比例以及如何轮番使用等，过去的小户散户状态，常常用人力来解决诸多问题。但在集约化生产日趋形成之时，人力的大量减少，加上人力的成本升高，使得很多问题不能再依仗人力来解决了。现在农村市场中，售卖上述产品的商家往往成为生产厂家或发明者的代言人，用户常常在他们的指导下使用产品。这种指导是有用的，但精准度很难说，因此也是有风险的。同时代言人自身的能力、素质、商业道德也常常会影响产品的效度，甚至产品的信度。

要言之，专家库成员应当基于特定地区或特定产品提供服务，这些特定地区的农户或特定产品的种植户是他们的目标对象，他们将会为该区的农户提供具有针对性的建议信息或指导信息。这样的咨询更具实用性，为此而消费的农户也会认为更值得。

5. 建立中介商咨询库

当下的中国，大多数人尤其是农户更愿意以亲友、熟悉的村民为"中介"，听从他们的建议进行生产或消费或经营活动。但这种非专业的"中介"，其建议所依据的信息不一定是优质的，所以采纳者未必能实现效益的最大化。

以中介为专职、为一种工作的形式，早已存在，有一种被称之为"捐客"的，除去该词中隐含的贬意，其功能就是中介，即为某种买卖牵线搭桥，从中获取佣金。捐客最主要的价值就是信息的掌握，其存在的主要功用就是将需求信息的双方勾连起来，人们之所以愿意付出佣金，也是因为"掮客"提供了付费者所不曾获知但希望获知的信息。

为农服务，无非是为农业生产与农产品销售服务。如何获得最好的农业生产资料、如何将农产品利益最大化地售出？在幅员广袤的农村、在物资丰盈的时代，没有中介者，则信息传递不畅、物流没有方向，因此，建立中介商咨询库是一种有益的尝试。

提供生产信息的中介商咨询库强调专业化，所谓专业即指中介商对信息掌握的快、准、全以及具有对信息的综合分析力，它产生的效用是非专业中介者不能及的。

提供物流及商业信息的中介商咨询库应当为客户物流提供效益最大化的信息服务，保证物流产生最好效益。还应当对进入市场的商品提出建议，比如包装形式、价格等，以促进双方互惠的交易。

中介商咨询库的中介商，在服务大众的同时，还应当建立自己的目标受众群体，承诺给予其更便利更个性化的服务。这样才能保证自己的目标受众群体的稳定性。同时，中介商所掌握的客户信息，也同样会成为一种有意义的资料库。正如科特勒所说"数字科技使企业得以追踪每一位客户……收集个人的资讯并与他们直接沟通，以形成持续、融洽的商业关系"（菲利浦·科特勒等，2002：17）。

今天，由于互联网技术的高度发达，建立中介商咨询库有了强大的技术支撑，智能手机已经成为当下普及的工具，信息的接收几乎可与信息的传递同步。在这样的保障下，精准、全面、快捷且具备分析力的信息掌握者——中介商咨询库一定能为农业生产、为城乡物流提供有效的服务。

6. 以免费服务打开渠道，以收费服务维持技术质量与服务队伍的稳定性

许多网站皆树"免费服务"的旗帜，免费服务固然很好，但是维持大型

的专业团队的运作，其经费来源是否稳定，持续性如何？服务质量通过何种方式给予保证？这些都是需要研究的问题。尽管从宏观层面来说，服务"三农"义不容辞，但具体到一个专业团队，其创新力的绵延，其成果的拓展，都需要大量经费的支撑。市场经济条件下，一个专业队伍的创造力与积极性，只谈奉献，不给予匹配的经济待遇，显然是不能长久的。

许多网站的生存原则大多是先"烧钱"，后赚钱。服务于"三农"的网站或许还会有一些譬如国家政策方面的扶持或经费的提供。但如果专业团队自身缺少造血机制，缺少与自身的努力、贡献相匹配的待遇，那么，技术的更新与服务的积极性也很难持续。

相反，如果专家团队或中介商希望依靠市场运行机制运作，即提供收费服务，那么，他们提供的技术信息和商业信息必须是农户真正信任和依赖的，必须是令农户在具体的农作中受益的。这样，农户才会心甘情愿地接受付费服务。如果通过付费咨询，能够创收致富，农户何乐不为？当然，由于"三农"问题在中国的重要性，所以这种付费，可以设定一些条件，比如在保证农户明确受益的前提下才能收费，也可以通过国家政策的制定来监督实施。

7. 建立类似淘宝网的机制，由专家出售专利或技术"商品"

正如前文所述，制作一次网页容易，但适时更新服务内容则需要大量的人力物力以及财力。因此，在农业科技信息传播过程中，以公益化的形式给予服务，固然是一种形式，但产业化的自我造血机制，同样也应当与公益化同步构成并行的机制。付费服务是自我造血机制中的一环，以类似淘宝网的机制，由专家或技术员组建自己的"商店"出售自己的技术"商品"，由农民"选购"所需要技术，并可随时与"店主"及时对话，这样的方式，同样也可以尝试。

对于这样的一种模式，有关部门应当制定相应政策。首先能成为"电商"的网站应当具有一定的资质。此外，鉴于农业科技传播所应具有的公益与产业双重性。收费标准也应当有相应的规定。国家政策补贴同样也应当跟上。

淘宝网机制与专家咨询库的共性在于它的责任制。因为要收费，因此都要求一贯到底，从技术开始使用、跟踪，到有了成效结束。二者的区别在于，后者是等待农户提出需求，然后给予解答；前者是主动展示自己的技术成果，让农户选择，它与许多展览馆里开设的"农业科研技术展示"有很大的相似性，唯一不同的是它是用来销售的，因此它有责任让成果有可操作性、可模仿性，同时有成效。

六、政府部门是推动农业科技创新信息传播效益最大化的原始动力及中流砥柱

2015年中央一号文件指出：做强农业，必须注重农业科技创新。而农业科技创新成果的传播则是形成科技创新效用的关键。本文仅从网络传播的角度来探析农业科技信息传播的对策。若从全局来看，中国当下的农业科技信息传播还处在非一体化的状态，部门重多，关系不顺；市场经济的加入，更加重了矛盾的复杂性。隶属于政府部门的、各高校研究机构的、各级推广部门的各类咨询机构和中介机构，彼此间由于缺乏系统机制的统领，无效运作导致了功能的大量损耗，整体效用很难发挥到最大，科技创新成果的传播，因此受到了很大的制约。

为此，建立一个全新的农业科技传播体系势在必行。而要实现这一目标，形成全国一体化的农业科技创新信息传播模式，原动力的始发作用是必须的，政策制定、监管的作用是必须的。这一点，除了政府，无人能及。要言之，在推动农业科技创新成果的传播中，政府将是推进农业科技创新信息传播体系化建设的原动力及中流砥柱。

第三节　阶段、议题与反思：农村传播研究 30 年历史回顾①

　　"三农"问题受到中国学术界关注已颇具时日，新闻传播学科亦难例外。运用该学科视野来研究农村问题是本文"传媒与农村研究"的实际意指。作为新闻传播学科重要领域，考察传媒与农村不仅具有帮助解决"三农"问题的现实意义，更具有拓展学科内涵、促进学科本土化发展的理论价值。然而，该研究一直以来未能在学科体系中形成强势地位，而是长期游走于边缘，充其量只是"冷点"中的"热点"。在经历 30 多年历程后，相关研究已然面临了困境，未来的探索正面临寻求思维变革与确定研究突破方向的问题。基于这一现实，本文总体回顾了传媒与农村研究的发展历史，分析了其面临的困境及其原因，尝试提出未来研究的突破方向。

　　考虑到地区差异性，本文将考察对象放在国内（不包含港澳台地区），试图厘清下列问题：① 30 多年传媒与农村研究的整体面貌如何，经历了哪些阶段？② 该领域包含了哪些主要议题，它们的研究现状如何？③ 相关研究是否面临着困境，反思历史，为何会出现困境？④ 展望未来，有哪些可供借鉴的突破思路？

　　本文的经验性材料主要包括专著、学位论文和一般学术论文等，但具体分析时并不局限于此。通过检索，共整理 2014 年（不含）以前的相关专著 42 部，博、硕士学位论文 234 篇，一般学术论文（含会议论文）1 635 篇。专著主要源于国家图书馆、南京部分高校图书馆、当当网等；学位论文和一般学术论文源于中国期刊网全文数据库。文献收集中，运用两组检索词作为

---

① 本部分内容部分观点曾发表于《传媒观察》2018 年第 10 期。

主题词展开交叉检索，第一组包括"传媒、媒介、广播、电视、报纸、网络、手机"等，第二组包括"农村、乡村、农民、留守、'三农'、民族"等。上述文献均经过排重和主题核对后获得，为有效文献。

新闻传播是一门理论与应用并重的学科，业务性实践研究与学术性理论研究并驾齐驱。受其影响，传媒与农村研究也分两个方向展开：早期主要以业务探讨为重心，后期理论研究成为重点。业务探讨考察传媒应当如何调整自身的传播活动，做到为农村服务，主要针对媒介普及与媒介内容供给等展开；学术研究是考察具体业务活动之外，传媒的传播行为与农村社会的关系，包括产生的影响和效果，功能和作用等。不可否认，两者存在交叉，后者是本文关注的重点。

一、传媒与农村研究历史的阶段性考察

20 世纪 50 年代，业务探讨文献开始出现，主要围绕报纸和广播展开。1958 年，《新闻战线》发表《农村广播站应该怎样编排节目》，认为农村广播会影响农民群众的政治文化生活，广播站"应当把报道当地工农业生产和农村活动情况以及将根据当地党政领导方面的需要所办的节目办好"（星星，1958）。1960、1964 和 1965 年都只有少量相关文献出现，此后因历史原因中断 10 多年。对传媒与农村研究的起点，国内学者郭建斌等人将其界定在 1982 年（郭建斌，2003），距今已有 40 年历史。

尽管 1950 年代后期便出现相关文献，本文依然赞同郭建斌的看法。原因在于：改革开放前的研究零星出现，无连贯性，属于自发现象；早前研究全是业务考察，没有理论性思考，而后者才是关键；1982 年开始出现农村受众调查，此类实证研究标志着该领域真正走入学界视野。依据研究程度，我们将这段历程分为四个阶段，并主要围绕特定时期的历史背景、文献积累及代表性成果三个层面展开历史勾勒。

1. 起步期（1982～1987 年）：业务探讨为主，受众调研成为亮点

"'三农'问题在改革开放初期曾是'重中之重'，中共中央在 1982 年至 1986 年连续五年发布以农业、农村和农民为主题的中央一号文件，对农村改革和农业发展作出具体部署。"改革开放后的 1983 年，第十一次全国广播电视工作会议在北京召开，要求"在三五年内，要做到县县、乡乡、队队都通广播，户户、人人都能听到广播"（赵玉明，2006：363）。次年，全国农村广播工作会议在洛阳召开，确立了农村有线广播的发展方针（赵玉明，2006：570）。受政策影响，以广播和电视为主的大众传媒逐步向农村渗透，农民接触率越来越高。

与此同时，国外传播学知识理论开始走入国内。"中国人开始走出面对面的乡土社会，现代传播理念也伴随着'大众媒介''信息''反馈''受众'和'舆论'等语词的流传，以及传播技术的使用而不断出现"（王怡红，2008）。受众调查的兴起是该时期学科研究的一个显在特征，学界重新确立了读者需求在传媒发展的地位。1982 年，陈崇山等人在北京组织了建国后的首次大规模受众调查，成为我国受众调研的里程碑项目，被誉为"中国新闻史上的一次突破性行动"。此后受众研究渐成风气，调研项目不断展开。正是在这股浪潮之下，传媒与农村研究迎来起步。

1982～1987 年，笔者共搜集一般学术论文 24 篇，每年均在 10 篇以下。这当中有 4 篇属于实证调查，20 篇是关于业务探讨的实践性文章。这一时期出现了 4 次较有影响力的农村受众调查，成为传媒与农村研究的最大亮点。它们分别是：1982 年杨云胜等人对湖北襄阳农村进行的读者调查；1983 年祝建华等人对上海郊区农村进行的传播网络调查；1985 年张学洪等人在苏南、苏北、苏中等地农村进行的受众调查；1986 年中央人民广播电台举行的全国性农村听众调查以及 1987 年中宣部、广播电影电视部联合调查组开展的经济发达与不发达地区农民居民的比较调查（裘正义，1993）。

　　总结来看，这一时期的业务探讨多是基于定性分析方法展开的思考，而学术分析则主要采用实证调查法。只是，此时的实证调查并没有具体理论支撑，它们大部分只是对我国农村地区受众的媒介接触等问题展开了现状描摹，不同的调查通常只是换了研究对象，重复率较高。

　　2. 探索期（1988～1997年）：引入经典理论，运用西方理论考察中国问题

　　如果说1988年以前的研究主要是受众研究浪潮下的几次自发现象，特点是重视表面性调查，忽视理论性研究的话，那么1988年以后的研究则慢慢走上了自觉探索的道路，开始主动将理论结合实践。其主要原因在于传播学经典理论的逐步引入，尤其是对发展传播学理论观点的引介。1986年，袁路阳在《新闻学刊》发表《传播事业与国家发展——国际传播学研究的一个新领域》，开始介绍发展传播学相关理论。1988年刘燕南译介了罗杰斯的《传播事业与国家发展研究现状》，1989年潘玉鹏发表《发展传播学简介》，1990年范东生发表《发展传播学——传播学研究的新领域》等，这些早期作品对发展传播学的研究现状、理论特点以及发展趋势等作了详细引介。

　　笔者搜集的相关文献中，该时期每年发文量在10～20篇，业务探讨文章仍占主导地位。此时的代表性学术成果包括3篇学位论文，分别是：中国社科院研究生刘燕南在徐耀魁指导下完成的《大众传播与农民观念现代化》（王怡红、胡翼青，2010：75）；王怡红在张黎指导下完成的《论农业新技术传播》，该文直接从罗杰斯的"创新—扩散"理论出发，在天津市武清县调查了农业新技术的传播和使用情况。它可以看成是早期传媒与农村研究领域较早运用理论来指导实践研究的典范。最重要的一篇文献是复旦大学新闻学院裘正义博士的学位论文《大众传播与中国乡村发展》，该文于1993年由群言出版社出版。

　　此外，受众调查继续发展，但专门针对农村展开的并不多见，多数调查

只是在研究过程中涉及了农村受众并给出可供参考的数据和观点。例如，1988年张学洪等人运用等误差分层抽样法在江苏城乡进行了一次调查，考察新闻宣传对受众观念、价值取向、社会态度和社会行为的影响，其中有较多涉及农村和农民的受众调查数据。1991年，陈崇山和闵大洪对浙江省城乡受众接触新闻媒介行为与现代化观念的相关性展开了研究并发现，城市、农村受众均认为需要从多种新闻媒介中获取信息，而农村受众中掌握生产新技术、保持良好的邻里关系的意识表现突出，证实了传播媒介对推进城乡居民现代化的重要作用（闵大洪、陈崇山，1995）。总结这一时期，最明显的进步莫过于部分学者尝试运用国外理论，如"创新—扩散"等，来理解中国农村。在后来的研究中，甚至直到今天，这依然是该领域研究的一个主要特征。

3. 崛起期（1998～2006年）：扩展本土路径，从理论到方法的多角度突破

这一时期，传媒与农村研究渐渐成为新闻传播学科中的一门"显学"。学术性思考的势头开始超过业务探讨，理论研究崛起，出现了一批较有影响力的学术成果。1998年初，我国启动"广播电视村村通工程"，到2005年完成了已通电11.7万个行政村和8.6万个50户以上自然村通广播电视的任务（张海涛，2006）。2004年，"村村通电话工程"也正式拉开帷幕，力争将我国农村通信媒介发展水平提升一个台阶。

学科发展上，受众调查和发展传播理论持续受到关注，一批新的理论和方法开始在传媒与农村研究中得到运用。主要包括：① 伴随网络传播兴起，"知沟理论"开始在学界兴起，"信息沟""知识鸿沟"等观念被熟知；② 媒介素养研究的出现。1997年卜卫发表了《论媒介教育的意义、内容和方法》，首次在国内系统介绍有关媒介素养研究的基础知识；③ 传播民族志研究的发端。蔡骐、常燕荣于2002年在《新闻与传播研究》上发表《文化与传播——论民族志传播学的理论与方法》，介绍民族志传播学的形成历史和理论方法，并

将其与文化研究展开对比。

文献积累相比上一阶段有较大增长，每年发文量在 50～80 篇，业务探讨逐步让位于学术研究。以 2006 年为例，在笔者搜集的 63 篇一般学术论文中，只有 23 篇属于业务探讨文献，其余 40 篇则分别从传媒与农村文化变迁、农民的媒介话语权、农民的媒介素养研究等层面进行学理性考察。该时段诞生了一批代表性成果，包括：

第一，民族农村地区的传媒研究受到关注。1998 年，复旦大学新闻学院与云南大学新闻系联合开展"云南少数民族地区信息传播与社会发展关系研究"项目，其最终成果是 2000 年出版的张宇丹著的《传播与民族发展——云南省少数民族地区信息传播与社会发展关系研究》一书；2002 年，益西拉姆的《中国西北地区少数民族大众传播与民族文化》"在对西北地区大众传播发展历史与现状进行介绍、总结的基础上，研究了大众传播与民族文化发展的关系及影响，以及当前西北民族地区大众传媒与民族文化发展面临的现实问题"（龙运荣，2011）。2005 年，郭建斌的《独乡电视》正式出版；同时期，李春霞撰写了博士论文《电视与中国彝民生活》，林晓华撰写了《媒介素养与少数民族发展》，充实了民族地区农村传播的内涵。

第二，方晓红等人的江苏地区传媒与农村研究。1999 年，南京师范大学方晓红主持申报的课题"苏南农村大众媒介与政治、经济、文化发展的互动关系"获批，其最终成果《大众传媒与农村》于 2002 年出版。李良荣表示："如此深入地、全方位地对一个大区域的农村地区进行调查，在建国以后的媒体调查中还是首次尝试和探索，实在难能可贵"（方晓红，2002：6）。同年，该校举办了首届"农村经济社会发展与媒介传播"研讨会，并成立媒介与社会发展研究中心。一批较早的相关学位论文也在此时诞生，包括 2000 年苏宏元的《大众传播与当代苏南农村受众关系之研究》，2001 年王新杰的《江苏城乡居民与报纸媒介接触行为比较研究》等。在方晓红等人的苏南调查后，相关研究渐以实证调研为主导方法，"学者调查涉及湖北云梦、黄冈，河南漯河

许营村、镇平杨营，浙江丽水，以及西北农村、吉林农村、河北农村、江西农村、陕南农村等。"（袁靖华，2011）

第三，乡村传播学研究的成长与壮大。乡村传播研究虽与"传媒与农村研究"并不完全等同，但两者有着大量交叉和重合。可以这样理解，传媒与农村研究主要是早期学者在并不成熟的学科体系下，以大众传媒为主体展开的农村传播研究，这是早期研究的贡献，也是一种无奈。在学科体系日臻完善的今天，"乡村传播"或许为未来"传媒与农村研究"提供了一个可资借鉴的方向。目前，乡村传播研究主要由国内学者谢咏才、李红艳、谭英等人推动。2005 年，谢咏才等人主编的《中国乡村传播学》问世，从概念提出、信息、传者、受者等多层面系统阐释了乡村传播研究的内涵。此后中国农业大学乡村传播研究所成立，该研究所围绕"乡村传播学"这一主题陆续产出多部作品。

4. 深化期（2007 年至今）：走向"遍地开花"，议题的深化与队伍的壮大

这一时期，各地的新闻院校和新闻传播研究机构都或多或少将目光投向农村。有学者提到，"每年在各地举办的新闻与传播学相关的学术研讨会上，总有一批年轻人提交关于农村传播研究的论文"（骆正林，2013）。2005 年，国家下发《关于进一步加强农村文化建设的意见》，要求从推进广播电视进村入户、发展农村电影放映等多个层面提升农村公共文化服务水平。2007 年，《关于加强公共文化服务体系建设的若干意见》提出实施"广播电视村村通工程"等工程。"农家书屋"工程也在这一年起步。此时，新闻传播学科的整体理论架构趋于完善，无论是外国理论引进还是本国研究尝试均有所积累。有两个特征值得关注：一是农村留守群体，特别是留守儿童研究，在 2005 年前后在教育学、人口学、社会学当中得到较多思考；二是农村新媒体研究议题逐步拓展，研究对象包含了互联网、手机等，研究内容也从最早的应用性

研究转向学理性分析。

2007 年是传媒与农村研究成果较为突出的一年：文献积累有较大发展，一般学术论文从上一年的 63 篇猛增至 123 篇，学位论文也从 8 篇上升到 30 篇；议题更为全面，传媒与乡村政治、传媒与乡村文化、农民媒介消费等问题得到了全面呈现。本文掌握的文献资料显示，2007～2013 年，每年新增的相关文献均保持在 130 篇左右，且多为理论研究。本文搜集的 42 部专著中有近 30 部诞生于这一时期。我们认为，传媒与农村研究开始走向深化，问题领域不断拓宽，研究队伍也逐步壮大。这一阶段的代表性成果包括：

第一，方晓红的《农村传播学研究方法初探》于 2008 年出版。该作品的考察对象并不是对传媒与农村关系下的具体议题，而是对研究方法的思考，研究传媒对"三农"的作用及其指标体系。从这个层面上来说，它事实上代表了一种研究的转向和升华。孙旭培表示，"它是当前我国传媒与'三农'发展这一研究领域里最高水平的学术成果，对于我国农村传播学的研究将具有承前启后的划时代的意义。"第二，吴飞出版《火塘·教堂·电视：一个少数民族社区的社会传播网络研究》。该作并非立足于传媒与农村关系的研究视角，而是站在人类社会学立场上，以民族志方法对独龙族生活社群传播网络进行了一次较为系统的解剖。不过，民族传播研究较多涉及对乡村的考察，该作最后也明确提到"社会传播网络与乡村发展"的命题。作为民族志传播研究的又一作品，它不仅在内容上，更在方法上对传媒与农村研究有所补充和启迪。第三，其他相关的学术专著还包括葛进平的《浙江农村青少年大众传媒接触及影响实证研究》（2007）、李永健的《大众传播与新农村建设》（2009）、曾兰平的《中国农村体育传播与体育发展》（2012）、张斌的《大众传媒与少数民族乡村政治生活》（2013）等。

二、传媒与农村研究的主要议题及观点

通过对既有文献的归类与整理,我们总结了传媒与农村研究 4 个较大的研究方向以及 10 多个具体议题。30 多年的研究历程中,大大小小的具体问题纷繁复杂,本文所能归纳的主要是那些被数次研究的亦或产生较大影响的命题。

1. 对农传播的业务探讨

① 媒介技术在农村地区的匹配与扩散。各历史时期,新的媒介技术如何有效适应农村的区域环境,推广给农民,实现信息接收等,是技术上的一系列难题。关于该议题的思考多是来自信息技术学、农业学等领域,整体文献较少,多半是在一种媒介进入农村社会初期人们对其有过一些关注。赖献梓的《关于农村有线广播短距离传输线的匹配问题》(1983)、李树功和段柯林的《利用光缆建设多功能农村广播网》(1993)等都属于这一议题。

② 对农信息传播与农村社会的适应性。该命题主要思考报纸新闻、电视节目等如何考虑农村特点,针对性展开内容供给。1986 年张学洪提出:农民的文化水平偏低是报纸在农民中普及率低的最重要原因。报纸对农民实际文化水平还不太适应,限制了报纸在农民中的普及。他认为对一张面向农民的报纸来说,通俗化更应该是编辑方针的重要组成部分(张学洪,1986)。同样就通俗化问题,1988 年刘斌提到广播新闻节目的通俗化;1989 年魏挽淑等人提到广播科普节目要通俗,适应农民口味(刘斌,1988;魏挽淑、刘清湘,1989)。

③ 农村广播电视事业管理。广播电视在农村地区的落地需要更多的技术和设备支持,相应的管理活动开始出现,这一议题研究的是农村广播电视工程中存在的技术层面和人力层面的难题,期望能够通过管理解决。1998 年曹

松坪提出要重视宏观管理中"建与管""质与量""点与面""疏与堵""条与块"等关系，以更好发挥农村广播的功能（曹松坪，1998）。辛华在2000年提出了农村有线电视管理中的技术、规模和资金等问题，建议从观念、规划、保护等层面予以解决。

2. 传媒报道与农村受众参与

① 传媒的农民形象建构。该议题的主要观点认为，传媒的农民形象塑造有得有失，而"失"的层面影响了社会对农民的真实认识。鉴于大众传媒的城市立场与精英话语，传媒视野下再现的农民与农民本身之间存在着较大偏差，表现在：传媒呈现的农民多集中于中年、男性村干部等，忽略了对其他群体的观照，对农民生活状况的描摹也与真实的农民生活并不吻合，缺少对农民正面典型形象的关注（卢迎安，2004；方晓红、贾冰，2005）。

② 大众传媒与农民的媒介话语权。相关研究认为，大众传媒的话语空间长期以来被握有大量社会资本的精英群体占据，农民是事实上的"失语者"。即便在《人民日报》这样的主流媒介中，官方话语也成为了农民话语的代言人，农民处于"被说"境地。而"解铃还须系铃人"，针对这一现实，研究者们认为重建农民话语权仍离不开媒介支持。他们呼吁传媒真正为农民发出声音，履行其作为"社会公器"的责任，努力提高农民媒介素养，重建农民话语权（李缨、庹继光，2007；卫凤瑾，2004）。

③ 农民的媒介接触、认知与使用。既有研究认为，在农民媒介接触过程中，电视是最主要的媒介形式，其次是报纸和互联网，广播渐渐淡出农村市场。在功能认知上，农民普遍认为传媒具备重要的舆论导向作用，但在整体新闻呈现中对农村较为忽视。农民偏好娱乐节目和电视剧，对专门针对农村播出的致富类等节目热情并不高，媒介参与度较低。研究者表示，农民对于信息有较大诉求，但多数节目针对性不强，时效性不够，忽视农村现实，没能引起农民兴趣。

④ 农民媒介素养研究。该议题致力于廓清两个问题，一是素养现状和原因，二是如何提高媒介素养水平。关于前者学界一致认为，农民的媒介素养水平整体较为低下，这主要源于农村传播生活贫乏，实际的媒介接触活动严重失衡。关于后者，研究者多建议政府、传媒、学校、农民自身等社会力量共同参与，针对不同群体展开针对性媒介素养教育，实现整体水平的提升（林晓华，2008；刘行芳，2010；郑智斌、樊国宝，2005；邴冬梅等，2012）。

3. 传媒与乡村社会发展

① 传媒与农村政治、经济、文化等宏观问题的关系。多数研究只考察了传媒与其中一种因素的具体关联，方晓红较早通过系统调研考察了传媒与上述三种因素的关系，其成果仍是该领域典范。她认为在政治上，传媒改变了农村政治信息传播方式，是苏南农村现代性增长的推进器；在经济上，媒介的信息效益对于农民来说并非永恒，观念变革具有长效性；在文化上，传媒丰富了农村的文化生活，电视等媒介的传播活动在农村与城市之间搭建了文明对话的平台，传媒建构下的"时间移民"成为农村文化转型的有效途径（方晓红，2002：118）。

② 大众传媒与农民日常生活的变迁。日常生活是一个内涵极为丰富的意指，研究者主要考察的是农民消费生活、闲暇生活、社会交往生活以及家庭生活等几个方面。为深度阐释，民族志研究在该议题中广泛运用，郭建斌的《独乡电视》是其中的典范。相关研究认为，电视等在一定程度上改变并重构着乡村社会日常生活，影响了乡村世界的社会权威、家庭权威、交往格局等传统生活，乡土民俗被逐步消解，村民交往方式发生转变（郭建斌，2005；王旭升，2009；龚芳，2011；黄彩春，2012）。

③ 大众媒介传播与农村现代化。该议题的主要研究认为，电视等大众传媒在传播蕴含现代性观念的信息中具有重要作用。受其影响，农民通过互动和内化培养起一系列复杂的个人现代性特征，当然这并非传媒的独家功劳；

农村社会的现代性离不开农民群体的现代性，有研究表示传媒对农村政治、经济与文化的现代性过程均会产生影响（叶东坡，2006；戴俊潭，2004；赵玲玲，2009）。

④ 传媒发展与新农村建设。相关研究认为，大众传媒参与建构了农村社会的信息环境，媒体在农村发展过程中可以发挥社会动员、环境监测、信息载体和"兼职教师"等功能，有效推动农村各项建设工作的顺利开展。传媒提供的市场信息、娱乐内容和技术知识等，促进了农村社会的文化繁荣。反过来看，有人也提出新农村的发展进步同样会影响到传媒的变革（陈力丹、陈俊妮，2006；李贵奇，2008）。

4. 相对独立的其他研究议题

① 传媒与农村体育传播研究。早在 1987 年，安徽省淮北市体委的李玲便在该市郊区的部分村庄展开调查，试图厘清淮北农村大众传播媒介的体育传播现状。目前该议题基本观点认为，农村体育传播出现明显失衡，农民体育信息需求与媒介传播并不一致，农村体育受众数量较少，农民体育话语权未能在传媒领域得到有效保障（吴文峰、翟从敏，2012；谢月芹等，2012；刘玉、方新普，2009）。研究者呼吁大众传媒改变农村体育传播体制，在农村体育传播中避免单向度的传递观念，积极建构农村体育文化。

② 传媒与农村健康卫生传播。1991 年，王林昌发表《我国农村大众传播状况分析及卫生知识传播对策初探》，认为"广大农村居民对增强传媒节目的服务性有强烈要求。健康教育工作者必须充分发挥大众媒介在向人们传播卫生知识过程中的作用"（王林昌，1991）。这一议题下的基本观点是，大众传媒在农村健康传播中责任缺失，节目信息较为滞后，说教式传播方式也难以引起农民兴趣。大众传媒应当转变传播方式，改进传播内容，满足农民的信息需要（王玲宁，2006；陈露，2010；严飞，2013）。

③ 农村地区的新媒体传播研究。我国农村地区的新媒体传播研究肇始于

2003 年前后，较早的代表性文献为杨新敏发表于《新闻大学》的《农村网络传播：问题与对策》一文。这一议题的主要观点认为，依托新媒体技术的信息传播能够给农村带来新的信息接受渠道，或能推动农村教育的发展；农民的新媒体认知程度不高，新媒体在农村处于整体上的"边缘化状态"；新媒体传播能够在信息传播层面和文化变迁层面给农村社会带来不同程度的影响。

④ 大众传媒与留守群体，尤其是留守儿童的关系。相关研究内容主要围绕传媒对留守群体的报道、留守群体的媒介接触、传媒对留守群体产生的社会影响，以及留守群体的媒介素养四个方面展开。以留守儿童为例，研究者认为传媒的大量报道逐步建构了留守儿童作为"问题儿童"的社会形象；他们最常接触的媒介是电视；传媒影响了留守儿童的成长与社会化；要正确处理传媒与留守儿童的关系必须努力提高留守儿童的媒介素养（陈世海等，2012；郑素侠，2012、2013；胡翼青、戎青，2011）。

⑤ 农村广告传播研究。相关研究通常从农村广告传播的现状以及广告给农村社会带来的影响两方面着手。他们认为：目前农村广告信息传播存在单一性、盲目性、随意性等不足，脱离了农村社会的现实语境，导致农民对广告信任度偏低；此外，广告传播影响了农民的消费观念，不同个体由于媒介接触和个人生活状况的差异，广告对其的影响程度有所差异，广告接触时间越长，种类越丰富，其消费观念便更加趋于现代化，反之则趋于传统（黄光强，2011；袁苑，2007；毛成耀，2008；马宁，2011）。

三、研究困境的反思及其原因追问

反思不等于批判。徐勇认为，我国农村研究主要是经验研究，但也存在相当的局限：一是只见"社会"，不见"国家"；二是只见"树叶"，不见"树林"；三是只见"描述"；不见"解释"；四是只见"传统"，不见"走向"（徐勇，2006）。当前传媒与农村研究在承袭前人基础之上鲜有创新，虽然量上的研究日益增加，但质上的成果却并不令人满意。可以说，该领域走入了一个稍显僵化的境地，虽然越来越多的人予以了关注，但人们对这一领域的认识却没有变得更清楚。回望近 10 年研究文献，一个较大的感触便是实证研究的经验性重复：一直有学者在调查，但无论是在理论上，还是在方法上始终未能有所突破。

1. "热闹" 而非 "繁荣"：该领域研究面临的尴尬

有学者表示农村传播研究已经走向 "繁荣"，本文认为其依然处在深化阶段，算得上 "热闹"，但构不成 "繁荣"。即便是这点 "热闹" 的背后，也流露出僵化态势。它既表现在业务考察上，更表现在学术探讨上。

至于前者，我们能够看出多数研究者高高站在一个正确的道德立场上，即大众传媒需要为农村服务，对媒介的传播活动给出看似正确的发展对策。而这些对策由于忽视了传媒既有立场与农村社会环境，并没有多少成效。在农村媒介全面兴起后，业务考察本身也不再成为重点。

至于后者，可以从以下几个方面简单勾勒：首先是研究队伍的不稳定性。不少学者采用了 "打一枪换一个地方" 的做法，长期坚守于该领域的研究者并不多。我们认为，农村考察并非一朝一夕之功，一项成熟的研究可能会耗去学者数年研究生涯。而在新闻传播这个 "短平快" 的学术领域，"速度" 是很多人追求的标杆，部分专业期刊更是以时效性作为立刊标准之一。故而能够一头扎进农村，在乡野之间 "用脚做学问" 的学者在变少。在文献整理中，我们发现一个或能补充说明这一点的现象：在一些关键议题上，学位论文的数量往往超过了一般论文，譬如农民话语权研究等。显见的是，学位论文通常需要研究生用数年时间完成，由于没有时间压力，关于这一议题的硕博士论文较易诞生。

其次是调查研究的单调性重复。"没有调查便没有发言权"，然而问题也出现在了调查上。就笔者查阅的大量调查报告来看，多数调查沦为单调的重复，没有实质突破。陆益龙在反思农村社会学时给出的观点同样适用本领域，他表示当前研究呈现过密化现象，而所谓"过密化，并非指经验研究在数量上的过快增长，关键是多数研究只停留在直觉经验层面。换言之，就是简单地重复一般性经验考察，而没有进行理论建构"（陆益龙，2010）。反观传媒与农村研究中的大量实证调查，多是在同一主题下换了一个又一个调查区域。往往出现：你研究江苏、安徽等，我便研究江西、广东等。研究者们堆砌了大量经验材料，却没能从这些材料中很好地发现问题，提炼观点，落入了朴素经验主义的泥淖。

再者是理论维度的贫瘠。一是早期田野调查主要以应用研究为主，出现轻理论或者无理论现象，这种情况到今天仍有所表现。张学洪表示，早期调研的想法非常简单，就是为中国"四化"建设提供一些有用的数据和对策（胡翼青、柴菊，2013）。二是部分研究运用西方传播学理论考察中国农村，但呈现两点误区，即少数理论的反复验证以及臣服于西方理论的学术霸权。综观相关文献，能够发现它们基本跳不开"创新扩散理论""使用与满足理论""数字鸿沟理论"，以及"媒介素养理论"等，在这些理论指导下重复了大量研究且没有多少新意。此外，这种重复的理论证明或证伪研究还落入了另一窠臼，即为西方理论做注脚。它们的起点并不仅是为了发现或解决农村问题，还企图通过所谓的"本土化"调查来获得与西方理论的平等对话，从一开始就跑偏了方向。三是本土化的理论成果尚未出现，这与当前整个学科的发展水平不无关系，我们所希冀的只能是学者们在此有所尝试和努力。

最后是研究偏向上的"现代化"阴影。关于"现代化"问题，郭建斌10年前便已提出。他表示"回顾20年传媒与乡村社会的研究'亮点'，还在于几项主题鲜明的关于传媒与现代化的研究方面"（郭建斌，2003）。不过，处在10年前的学术生态下，他基本持认可态度。然而今天人们开始意识到，在"现代化"支配下"提出和实施的大量发展传播学对策，并没有改变不发达地区依然落后的现状，传媒的普及与使用既没有提高当地相对的现代化水平，也没有培养出什么现代化的观念。相反，现代传媒的普及为农村地区和西部地区带来了更多难以解决的复杂社会问题"（胡翼青、柴菊，2013）。"现代化"观念从理论上说源于发展传播学的思想支撑，从伦理上说它倾注了学者致力于解决农村问题的学术关怀，本无对错可言。但就"现代化"研究本身所带来的实际成效来看，它并没有达到预期目标，传媒与农村研究需要寻求一种新的转向。

2. 尴尬的背后：传媒与农村研究为何会走入困境

立场上的"士人情怀"使对策研究成为风气。我国本土新闻事业源起于内忧外患的动荡年代，以办报为主的新闻活动从一开始就是为了改变时代窘境，为家国发展建言献策。梁启超所谓的"耳目喉舌""监督政府""向导国民"等新闻思想无一例外地打上了士人立场的烙印。及至今日，士人传统一直对我国新闻传播发展有所影响。这种传统在一定程度上导致部分传媒与农村研究的学者并不真正关心农村，而是站在"士大夫"的高度，提出一系列大而无用的发展对策。正如申端锋所说，"那些看起来很火的研究，要么关注一些热点性事件，要么做一些'假大空'的对策性研究，要么在一种新贩进来的洋理论的名义下组织些并不完整的事实，要么表述自己的一种文人式的忧国忧民，要么以启蒙者自居，呼唤给农民以'国民待遇'"（申端锋，2007）。对策研究并非一无是处，但对策的提出应当有理有据，而且具有可操作性。因而对策一定是建立在具体的问题与发现之上。而此处成为风气的对策研究多是一种理想式的道德论证，它们站在正确的立场上，说着正确的空话，对于解决实际问题却毫无裨益。

学科特征下盲目追逐热点的研究取向，导致理论性研究与深层化研究的相对缺失。一来整个新闻传播学科倾向于追逐热点，对悬而未决的农村"老大难"问题有所忽视。脱胎于城市中心主义和新闻宣传思潮之下的新闻传播学科天然偏向城市问题研究，偏向时事热点研究。故而我们能够理解，为什么新媒体传播、城市传播以及健康传播等话题能够在短时间内成为这一学科的真正热点，而农村研究只能充当着冷门中的热门。在主流学术期刊和学科内主要学术会议的议程设置上，以"农村传播"等为主题的探讨也并不多见。二来在传媒与农村研究内部同样出现了追逐热点的趋势，如"传媒与新农村建设"。在这一稍显时髦的政策话语出现后，大量研究涌入这一论域，而对其他基础性问题，譬如研究方法的探讨等，多数研究者的热情并不高。有学者指出，新闻传播的学术研究要有自己的节奏，通常不能太过"紧跟时代"，也不能太过"紧跟政策"，这都会让这个学科丧失应有的厚度和深度（胡翼青，2012）。这一点，对于我们思考传媒与农村研究的现在和未来，都有所警示。

先入为主的"问题（problem）意识"而非"问题（question）意识"形成了传媒与农村研究的"学术偏见"，这可能是整个农村研究中都难免存在的困惑。赵旭东指出，在"问题（problem）意识"下，"农民的问题甚至是外来者所想象出来的问题，那是在面对外来者的询问时所必须回答的问题，而确实不是农民自身最为核心的问题"（赵旭东，2008）。执着于"现代化"研究的学者们在自觉或不自觉当中都会将农村社会看成是一个"问题（problem）社会"，认为农村社会是病态的，是落后的，是需要进行现代化改造的。因此，他们在研究之前，便预设了农村传播中存在的种种不足，而自己的使命就是找出并解决它们。看看本文总结的 16 个主要研究议题的普遍研究观点，便不难理解这一点：多数研究总是在不断地发现"问题"（problem），给出对策。例如在农村留守儿童研究中，研究者多半是将"留守儿童"与"问题儿童"隐约等同起来，在这种研究的预设之上，提出需要改善留守儿童媒介素养、净化留守儿童媒介环境等建议。

以美国为代表的传播学研究对于我们理解中国农村到底具有多大的实效，这需要打上一个问号。贺雪峰认为，"在引进西方社会科学时，国内学界忽视了西方社会科学的语境，忽视了西方社会科学本身也只是地方性社会科学的一种，是一种具体的知识而非普遍真理"（贺雪峰，2008：5）。不可否认的是，我国的传播研究自 20 世纪 80 年代以来主要是源自对美国知识理论的引进与学习，即便在今天这种影响依然根深蒂固。这就导致国内许多研究基本上是一种"美国化"的研究模式。然而，美国是一个"没有农村"的国家，该国内的乡村世界也与我国的农村社会是两个完全不同的概念。那么，基于美国现实的传播学研究理论，尤其是经验研究下的理论观点，并不一定能够在中国农村找到适合生存的土壤，美国经验与中国现实之间存在着天然的隔阂。

固化的逻辑遮蔽了部分有价值的研究面向，其表现之一是功能主义。黄旦认为，社会学当中的功能主义取向深深影响了传播学研究，而其中一个典型表现便是"社会需要论"。在农村研究中，当我们探讨传媒应当向农村提供怎样的信息内容时，我们的结论通常回到农民的需要上；当我们探讨留守儿童的信息环境时，我们的结论通常回到留守儿童的需要上；当我们探讨农村体育传播乃至健康传播时，我们的结论通常回到农民的体育和健康信息需要上，等等。因而，"在这样的状况下，我们不是去追寻事实本身，或追寻从事实中发现问题，或追寻从问题中展示理论意义，而是变成简单的事例归纳。至于分析和因果推究，都是现成的，最终是一种符号式背景抑或口号，所有的区别不过是技术上的：要么放在前面犹如一个帽子，或者置于最后，给套上一双靴子"（黄旦，2008）。

固化逻辑的表现之二是效果（影响）研究。脱胎于实用主义哲学之下的美国传播学研究在一段时期内几乎与效果研究同生共长，这与当时的美国所面临的历史语境不无关联。"效果研究一直是美国大众传播研究的主流与旨归。美国韦恩州立大学的弗莱德·费杰斯认为，效果研究几乎成了大众传播研究的同义词"（王怡红，1995）。由于对美国传播学的较多引鉴，注重效果研究的思维逻辑也影响了我国的农村传播研究。即便在今天谈到考察传媒与农村的现实关联，部分人的思考依旧仅仅是传媒对农村发展有何帮助（功能），或者是传媒如何影响了农村社会（效果）。本文认为，通过功能主义和效果研究的逻辑来展开传媒与农村研究在早期确属必要，它有助于在短期内抓住命题，找准方向，开辟领域。然而在研究逐步深化的今天，依旧单调地运用这种逻辑可能会带来一些不利影响：一是大量研究出现了重复性和同质化，因为逻辑思维是一致的；二是它遮蔽了可能存在的其他问题，譬如媒介发展与乡土社会变迁等。

四、关于如何走出研究困境的进一步反思

1. 本体考察：回归对象与方法的再思考

在罗列出上述关于传媒与农村研究的尴尬处境及其原因之后（当然现实情况更为复杂，远不止这些），我们需要回到研究的起点，去思考这些问题何以会产生，应当如何解决。所谓回到起点，主要是两个问题：应当研究什么和如何展开研究。前者是对象，后者是方法。需要指出，鉴于该领域在学科中相对弱势的地位，研究者介入这一领域时，多是以"建构"心态为其学术成果添枝加叶，而以"解构"心态来剖析其存在的不足，以及反思诸如"研究什么"这类基础性问题的文献并不多见。笔者囿于自身素养的局限，难以给出尽善尽美的答案，只能在能力范围内做一些可能的思考，以期后续研究能够有所深入或矫正。

那么，传媒与农村研究到底应当研究什么？概念上看，必须是兼顾两头：一是新闻传播学科的学科视野。如果没有这种视野的关照，便会成为纯粹的农村研究。二是农村，这是我们关照的对象。凡是隶属于农村社会的所有问题都可以囊括进来。这就要求我们必须走出僵化的传播观，走出功能和效果研究的固化思维，从更为广阔的视野中来看到这一领域。什么是学科视野，仅仅是大众传媒吗？显然不是。

虽然本文所做的学术梳理主要针对大众传媒，但这并不等于在新闻传播学科下展开农村研究的全部内容。上文曾提到，传媒与农村研究是早期学者

介入农村研究的一个明显切口。随着学科发展，其内涵也会相应丰富。"乡村传播"或者说"农村传播"为传媒与农村的未来研究提供了一条可行的拓展路径。从某种程度上说，传媒与农村研究事实上指涉了从新闻传播学科出发展开的农村问题研究，大众传媒只是其中一部分，学科领域中的所有理论或视角都可以作为研究的学科起点。

再者就是研究的基本立场问题：我们是需要以农村为主位，运用新闻传播学科来理解农村，还是应当以农村研究为对象，为新闻传播学科的研究提供经验与理论的支撑？从内容上看，自然是两者都有的。但仅就立场来看，必须是前者，后者只能是前者的伴生物，否则便偏离了研究的根本。正如有学者在谈及学科的分类时表示：不同的学科不是研究不同的问题，而只是从不同的角度来研究同一个问题。

所以问题本身是既定的。放到本文的语境中来说，就是必须以农村问题作为研究的出发点。因而所谓的传媒与农村研究，就是从新闻传播学科来研究农村问题，而不是通过农村社会的研究来建构新闻传播学科的理论体系。从这个角度来看，那些将农村作为研究对象，事实上却在验证，诸如"议程设置理论"或"使用与满足理论"在农村地区理论确证性与否的研究，并不是真正的传媒与农村研究。简言之，就是要以新闻传播的学科视野来研究农村，以农村为主位，根本目的在于理解农村、解决农村问题。

那么，如何展开研究？本文认为在树立农村本位基础上，还需要正确处理好两组关系：一是经验与理论的平衡。理论源于经验，经验研究需要理论指导，在传媒与农村研究中，轻理论或无理论的研究固然是不适宜的，但一味走入西方理论的学术霸权更是不适宜的。这就要求我们在正确运用理论的同时，着力从本土化经验中寻求本土化理论的建构。二是学术研究与农村发展的平衡。当前传媒与农村研究中，有学者仅仅是为了从农村当中发现问题，提升理论研究，而另一些学者仅仅从建设农村的角度出发，为农村问题的解决提供方案。我们认为固执地走向任何一方都有失偏颇，纯粹的学术研究会使学者本身丧失了对现实社会的学术关怀，而纯粹的乡村建设考察只会使研究者沦为对策的提供者，而非学者。

2. 未来方向：关于何去何从的几点思路

展望未来研究，可以从以下几个方面来突破困境。它或许并不能完全摆脱该领域面临的全部尴尬，但至少是几个值得尝试的思路：

第一，在内涵范围上从"传媒与农村研究"走向"农（乡）村传播研究"。这是很多学者已经开始认识到并予以践行的一条路径，例如方晓红及李红艳等人。方晓红在 2008 年出版的《农村传播学研究方法初探》一书的书名中，没有延袭其 2002 年《大众传媒与农村》一书中"传媒与农村"的提法，而是转为"农村传播学"；李红艳等人于 2005 年便出版了《乡村传播学》一书，以期通过乡村传播研究为我国的传播学本土化研究建构一条可行的路径（谢咏才、李红艳，2005：23）。她们的这些尝试极大丰富了从新闻传播学科来审视农村问题的内涵，包括组织传播、人际传播以及其他学科内的研究视角都可以被广泛运用，为未来研究提供新的视野和问题。

第二，在理论取向上要努力摆脱功能主义与效果（影响）研究的固化逻辑，走出西方理论的学术霸权，尝试建构本土化的研究概念。其一，按照胡翼青在《论文化向度与社会向度的传播研究》一文中提出的观点来区分，功能主义与效果研究逻辑下的农村研究，事实上是一种偏向社会向度的研究，考察传媒与人的行为之间的关联。换个角度思考，农村传播研究或许可以在文化向度上有所突破，考察传播与人的思想之间的关联，强调研究中文化与日常生活的导向（胡翼青，2012a、2012b）。当然，这种突破并不像学者所思辨的那样简单，践行这一观念或许还要一段时间。其二，农村传播的理论研究并不是为了与西方研究展开学术对话，更不是为其做注脚，研究者需要秉持这一立场。其三，可以尝试建构一批本土化概念。理论的提升需要长时间积累，但提炼出一些被学界认可的关键概念，或能帮助人们加快理解这一领域本身。在农村研究中，费孝通的"差序格局"、黄宗智的"内卷化"、杜赞奇的"权力的文化网络"等都曾推动农村研究进程。对本领域来说，方晓红提出的"时间移民"便较好地归纳了农村文化转型的一种途径，能够帮助人们理解传媒对农村社会文化带来的切实影响。

第三，在研究偏向中尝试从热点回归理论，做到"问题（problem）意识"与"问题（question）意识"并重。从热点回到理论，要求研究者不盲目追求新事物、新概念，而是从基础做起，从学术本身出发，找准传媒与农村研究中那些基础性的、关键性的真问题。同时努力提升理论学养，避免陷入朴素经验主义的泥淖，更不要臣服西方的经典理论霸权，积极尝试建构本土化的农村传播理论。"问题（problem）意识"与"问题（question）意识"并重即是上文所提到的"学术研究与农村发展"之间的平衡。过分强调前者，容易变成乡村建设者；过分强调后者，则容易缺失对现实农村社会的学术关怀，而偏执任何一方，都可能会遮蔽相应的研究空间。

第四，在研究方法上要尝试超越前人，回归到方法论本身的思考。张学洪等人的受众调查、方晓红等人的苏南农村调查、郭建斌等人的民族志调查等，在一定程度上都影响了后续研究者的思维，导致重复性研究的出现，这在量化调查上表现得尤为明显。有学者指出，"在对中国整体的问题意识不清的情况下，在缺少质的把握的情况下，过快进入定量研究，结构化的问卷调查及搜集资料的方法，屏蔽了可能的问题意识"（贺雪峰，2008：7）。未来研究并非要回避它们，但应当在不同程度上转换思路，单调的重复和机械的模仿很难出现质的提升。再者，该领域研究还应当回到方法论层面去重新思考一些基础问题。这些问题在农村社会学、乡村人类学等学科中都有过较多思考，但在本学科视野下却较为缺乏。譬如，传媒与农村研究调查为何选择个案？是否必须选择个案？有无替代可能性？区域比较研究能否展开？等等。

五、结语

本文回顾了中国（不包含港澳台地区）30 多年传媒与农村研究的基本历程，并将其划分为四个时期，从研究背景、文献积累、重点成果等方面勾勒出该领域的研究脉络；总结了传媒与农村研究的 16 个主要议题；从研究的困境、困境产生的原因等角度对整个研究领域的学术历史予以了反思。鉴于笔者能力的局限，本文在梳理中难免存在疏漏，在反思中也可能失之过浅，期望后续研究能予以完善。总结这段历程，我们认为要想摆脱传媒与农村研究的尴尬与僵局，需要在思维层面有所转变：在视野上要跳出新闻传播的学科拘囿，将眼光放到整个农村研究的大背景当中，看看农村社会学与乡村人类学等学科的研究思路与方法；在理论上要跳出熟知的西方经典，跳出功能主义与效果研究的固化逻辑，看看有哪些新的路径可以开辟；在方法和操作上，要跳出模仿前人成果研究的窠臼，重新思考方法论，从基础做起。

第四节　近 10 年农村新媒体传播研究述评[①]

以移动手机终端和计算机互联网为代表的新媒体技术在我国的发展日新月异，农村新媒体用户更是逐年上升。据中国互联网信息中心的最新调查报告显示，截至 2013 年 6 月，我国共有 5.91 亿网民，农村网民达 1.65 亿，占比 27.9%，且正在逐年扩大。此前由爱立信消费者研究室发布的中国农村消费者通信消费报告同样指出，我国农村地区的手机拥有率在 2011 年初便已达到 90%，新媒体对农村地区的渗透趋势显而易见。作为全新的传播方式与技

---

① 本部分主要内容曾发表于《重庆社会科学》，2014 年第 3 期。

术手段，新媒体在为"三农"问题发展带来积极变革的同时也面临着许多亟待解决的问题。那么到目前为止，我国农村地区的新媒体传播状况究竟是怎样的呢？为弄清这一问题，本文对相关研究文献进行了整理，期望从宏观上了解学界的研究现状，为后续研究提供有益借鉴。

通过文献梳理，笔者了解到，国内有关"农村地区新媒体传播"的最早研究始于 2003 年，代表性文献为杨新敏发表于《新闻大学》上的《农村网络传播：问题与对策》一文，至今已有 10 余年时间。此处将对这 10 多年来的相关文献进行综述，意在考察这样几个问题：

① 我国新媒体对农传播的研究现状是怎样的，包含了哪些具体的研究问题，其研究进展如何？② 近 10 年来的新媒体对农传播研究有哪些值得肯定的经验与成果，又存在哪些明显的不足？③ 在未来研究中，我们应当采取哪些措施，以更好地完善"新媒体对农传播"这一研究主题？

应当在此指明的是，由于"农村地区"是一个概念范围极为广泛的指称，在这一宏观范围之下，又包含了许多微观命题，且这些命题与新媒体传播常存在或多或少的关联。比如说"留守儿童""留守老人""农村中学生"等，新媒体在农村地区的传播与它们之间都有一定关联。然而，由于新媒体技术在农村地区的兴起与传播时间并不长，相关微观层面的研究尚没有充分细化，甚至根本没有开展。因此，本文的研究立场主要是基于宏观层面，即考察新媒体传播与"农村""农民""农业"等宏观问题之间的整体关联，对诸如"农村留守儿童"与新媒体传播之间的关系等微观问题未作细致考究。这是本文综述当中的不足，也是目前整个学界对该问题进行考察的一种现实缺陷。关于这一点，在文章最后一部分还将提到。

在学术专著中，关于农村地区新媒体传播研究的作品较少。代表性作品主要有 2006 年徐鹏民与王海等人出版的《农业网络传播》，刘继忠等人的《农业新闻传播》；2009 年李永健的《大众传播与新农村建设》；2010 年李红艳的《乡村传播学》和 2012 年王玲宁的《谁来伴我成长——媒介对农村留守儿童的社会化影响》等。其中,《农业网络传播》一书详细考察了农业网络传播的研究方法、发展历程、分类特点和传播效果等数个宏观问题,是目前为止对网络传播与农业关系研究最为全面的一本专著。其他书籍只是在某一章节中对该问题有所涉及,并不深入。譬如《大众传播与新农村建设》提到了"如何利用数字化的大众传播建构有效的新农村建设宣传新渠道"命题,《谁来伴我成长——媒介对农村留守儿童的社会化影响》提出了"新媒介环境下媒介对农村儿童的社会化影响"研究等。总体看来,专著研究较为欠缺,难以反映研究的重点与趋势。《农业网络传播》一书也只是对 2006 年以前网络媒体对农传播问题的初步探索,时间较早且内容上过于宽泛。

在期刊文献中,从杨新敏于 2003 年发表的文献开始,一直到 2013 年 12 月,本文共选取了 104 篇文献展开综述研究。所有文献数据均源于对 CNKI 学术期刊网全文数据库(中国知网)的检索与统计,经排重和主题限定后得到。检索的项目主要包括主题、篇名、关键词等,分别以检索词"新媒体""互联网""计算机""手机"等,与检索词"农村""农民""农业""乡村"等进行综合交叉检索。文献选取原则为刊自国内核心期刊、主旨明晰等。因此,该统计虽然并非是对所有相关文献的全部罗列,但在总体上仍旧能够反映出整体的研究现状与趋势。

不难发现,论文文献相较于专著研究更为丰富和翔实。其基本的研究趋势(图 6.4.1)也告诉了我们新媒体对农传播研究的两点特征:一是研究数量明显递增,逐年上涨;二是增长幅度较缓,2010 年前后才有较大发展。需要补充说明的是,相关文献的检索时间截止于 2013 年 12 月 31 日。鉴于数据库资料的更新延迟,2013 年相关数据并不完整,并不能完全反映全年整体的研究走势,因而图 6.4.1 未包含 2013 年。此外,由于专著资料的实质性匮乏和期刊文献的相对丰实,故而下文的分析将以期刊文献为主。

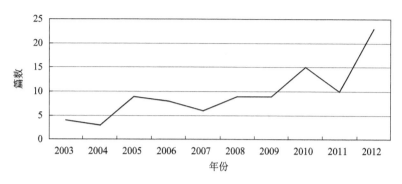

图 6.4.1　新媒体对农传播研究的论文总数走势

一、综述：农村新媒体传播研究的主要领域与研究进程

在对上述检索选取得到的 104 篇研究文献进行主题分类后，我们总结出了"农村地区新媒体传播研究"的五大主要研究领域，分别包括①"普及与应用"：新媒体技术本身在农村地区的扩散及其可能应用的地方；②"认知与现状"：农村居民对新媒体的认知程度以及新媒体在农村地区传播的基本状况；③"功能与作用"：新媒体在农村地区的传播所产生的具体功能，对农村发展带来的积极作用；④"影响与效果"：农村地区新媒体传播带来的社会影响，所产生的具体效果，包括正面和负面；⑤"理论与模式"：在经典理论的指导下，解读农村新媒体传播现象，针对具体的传播实践，建构特定的理论模式并予以指导。就不同的研究命题，其具体的研究成果分布如下（表 6.4.1）。

1. 普及与应用：信息化服务、农村教育等

普及与应用是新媒体对农传播的第一步，也是最早展开的研究命题之一。研究者来自多重学科门类，包括农学、管理学和信息工程学等，他们大多将研究的焦点集中在新媒体所能提供的信息化服务上，研究脉络从计算机互联网逐步转向手机媒体。张琴和马桂莲（2004）考察了互联网上农业信息资源

表 6.4.1　2003～2013 年我国新媒体对农传播研究论文整体分布

年份	相关命题下的研究论文（篇数）					
	普及与应用研究	认知与现状研究	功能与作用研究	影响与效果研究	理论与模式研究	总计
2003	2	2	0	0	0	4
2004	2	1	0	0	0	3
2005	7	1	1	0	0	9
2006	6	0	0	1	1	8
2007	1	2	0	1	2	6
2008	4	1	1	1	2	9
2009	4	2	1	1	1	9
2010	6	4	1	1	3	15
2011	2	2	1	4	1	10
2012	7	3	4	8	1	23
2013	2	1	3	1	1	8
总计	43	19	12	18	12	104

分布状况，总结得出了农业信息资源查找的四种主要方式，包括直接访问、搜索引擎、主题索引和书目控制。刘慧涛等人（2005）给出了农业信息资源高效共享与深层开发利用方案，认为应当主要从信息数据采集、开放式深层开发、用户管理与查询界面三层功能着手。严霞和江菲等人（2006）转而分析了手机短信的农业科技信息服务现状，认为手机短信存在格式和字码限制、没有适合的服务模式等现实问题，指出在结合移动互联网等技术的条件下，手机短信将可能解决信息入村"最后一公里"的问题。在过去两年，喻红艳和牛瑞芳等人还将研究进一步细化，分别考察了依托手机媒体的农村电子商务和农村手机银行等服务的可行性问题，但总体数量较少，浅尝辄止。

如何带动农村教育事业发展是新媒体应用研究的另一重要方面。教育落差导致城乡之间产生了"知识鸿沟"，期望通过新媒体来提升农村教育水平是相关研究的一大使命。黄应会和邵明旭（2003）分析了互联网对农村广播电视学校远程教育的支持，建构了具体的应用模式，认为需要构建一个基于县（市）级分校学习中心的运行机制，由计算机网络中心直接管理。姚明和曾贤贵（2006）研究了互联网背景下农村成人教育的挑战和机遇，从网站建设、队伍建设和网络环境等几个方面给出了推动农村教育发展的基本方案。汪敬贤与董红安也分别就网络远程教学功能对农村职业教育的发展作了探索，但并不深入。此外，普及与应用研究还涉及了许多基于新媒体技术功能的其他应用方式，如计算机视觉及模式识别技术在农业中的运用，计算机图像技术与农业工程发展等。总体而言，有关"普及与应用"命题的研究在早期较为丰富，研究者们从各自的学科背景出发，将研究的关注点涉及了问题的多个层面。普遍的问题在于研究多不够深入，缺乏细致的思考。

2. 认知与现状："边缘化"的研究结论及其对策

认知调查普遍表明，农村地区对新媒体的接触率较低，对其功能的使用也相对单调，在整体上仍处于边缘化状态。李铁锤（2009）通过对江西农村展开的 2 400 份问卷调查后认为，新媒体在边远农村依然是新事物，认知不够完善，即便是手机的普及度较高，其主要功能也仅限于通话。中国传媒大学的宋红梅等人（2010）得出了类似观点，认为农村互联网用户低于全国平均水平，农村用户对网络的功能使用不够全面，在信息获取上不够专业。宋红梅在《中国农村居民互联网接触状况研究》一文中提出，农村网民的受教育程度、年龄、收入特征明显，农村的区域经济水平与信息服务状况决定了上网方式，认为互联网上的传播与营销需要注意农民群体互联网接触行为的特征。当然，随着时间推移，认知研究的重要性将逐步淡化，取而代之的将是如何完善新媒体对农传播的具体功能，真正做到为农服务。

就新媒体传播在农村地区的发展现状来看，杨新敏（2003）最早提出了农村网络传播中必须重视的三个问题：一是农民需要从互联网上得到和传输什么信息，二是农民能从互联网上得到和传输什么信息，三是要得到和传输所需信息的成本有多大。为解决这些问题，他给出的对策是发展中介服务机构，将网络传播与其他传播方式相结合。邹华华和刘洪（2007）直接表示：新媒体对农传播有着独特优势，然而要想实现良好的传播效果，必须鼓动广大农民积极参与，借助社会的帮助，传播因地制宜的实用性内容。张艳婷等人（2012）采用实证分析法，对河南省农民、农村中小学生、农村教师和农村中小学校四类对象展开了问卷调查，认为农村新媒体使用率在整体上仍有乐观之处，但需要强化农村用户的整体媒介素养。

我们要强调的是，认知与现状研究总是针对当下，因而对这一命题的研究结论总是常做常新的，最重要的是，学术界能够始终关心这一领域，帮助社会了解其发展的基本状况。

3. 功能与作用：信息功能、经济功能与社会功能等

信息传播功能是新媒体对农传播的首要功能。刘碧波（2005）认为，网上农业信息具有存量丰富、形态多样、利用便捷且环境开放的特点，可以从网络农业信息推动、发布、互动等七个方面来完善其信息功能。朱天和李晓（2012）进一步指出，新媒体在农村公共服务体系建设中具备对农传播外在渠道互补和内在信息需求补偿这两大作用，但新媒体在农村的普及和应用才刚刚起步，应当积极探索出一条适合新媒体在农村社会转型中的发展路径。其他学者将眼光投向了手机媒体，例如林晓华和邱艳萍在《手机出版：突破少数民族农村信息传播瓶颈的最优选择》中表示，手机出版将能够有效解决少数民族地区信息传播不平衡状况，主张搭建以手机传播为中心的信息发布平台。

关于新媒体对农传播的经济功能，部分学者也开始了尝试性探索，他们主张利用新媒体技术来促进农村经济发展。陈宇瀚（2009）便认为，新媒体技术，尤其是互联网技术能够改变农民生活观念，有效实现农民增收。

在对农传播中，新媒体能够具备哪些社会功能？张铮和周明洁（2007）认为，上网行为能够比其他媒体使用行为更好地预测农村居民的现代性。高红波（2013）同样持此观点，指出新媒体有助于提升农民的现代化观念，通过对新媒体的合理推广，在不断加强农民媒体素养的配合下，新媒体能够缩小城乡知识差距，帮助实现城乡一体化发展。此外，刘辉和丁玲华（2010）具体考察了新媒体在农村危机管理中的作用并提出四点主张：一是传统媒体与新媒体互为补充，二是建立新媒体诚信机制，三是强化媒体素养教育，四是加强立法规范。再者，袁小平和熊祯（2011）通过实地调研总结了手机媒体对乡村政治、村民交往、村民消费观带来的具体转变，完善了手机的社会功能研究。

4. 影响与效果：信息传播与社会文化的双重变革

作为传播过程的中介，新媒体首先给农村社会的信息传播带来了显著变化，信息量增大，农民的信息需求发生改变，这在上述的"功能与作用"研究中已经得到体现。然而，论及具体的传播效果和影响，部分学者却并不乐观。王锡苓等人（2006）通过对"黄羊川模式"的个案考察，认为互联网虽然对学校教育和经济发展等问题产生了一定影响，但网络传播在农村社会的信息传播中仍旧没有发挥预期的效果。闵阳（2012）的结论与此相反，通过对陕南农村的个案调查，他指出在新媒体环境下，农村的整体信息传播环境发生了改变，网络和手机等已经成为居民获取信息的重要手段，农村的整体信息消费能力得到提升。此外，新媒体传播同样改变了农民受众的信息需求特征，周国清与黄俊剑（2011）认为，农民在媒体选择需求上主要受到经济因素的制约，除了青年群体对新媒体接受度较高之外，整体相对保守；在信息内容需求上，受新媒体特征的影响，农民受众更加渴望实用性、地域性和娱乐性信息。

对于宏观的社会文化层面，新媒体发挥了怎样的影响力？李卫华（2011）

从日常生活出发，认为新媒体对农传播的发展影响了整个农村社会的新陈代谢，起到了明显的加速作用。具体表现在新媒体为农民生活注入了新的内容，淡化了农村血缘与地缘的社会关系，使农民受众的个人地位与社会权威发生了微妙变化，推动了他们的公民意识觉醒。张成林（2012）从社会学角度探究了农民上网现象，认为这一现象改变了农村文化的传播渠道和分布结构，农民的文化空间从公共性走向了私人性，文化内容从一元走向了多元。传播渠道的改变也引发了农村社会关系、农民认同观念和价值观念以及农民行动结构的重构。高崇（2012）进一步细化了这一研究，他着重分析了新媒体环境对农村青年群体代际交往所产生的影响，认为其出现了"文化反哺"、代际交往质量受到影响、家庭责任意识日益弱化等问题。

5. 理论与模式：新媒体对农传播研究的深化

从经验分析转向学理建构，是新媒体对农传播研究深化的必然要求。文献梳理后发现，相关探索开始于 2006 年。它通常包含两个方向，一是借助经典理论对相关传播现象予以深层阐释，二是为新媒体对农传播中新出现的具体问题建构新的理论模型。

关于第一点，张明新和韦路（2006）最早将移动电话传播与经典的创新扩散理论结合在一起进行考察，指出人口因素、行为因素和心理因素对农民采纳与使用移动电话的影响。该研究得出了与罗杰斯经典理论不同的观点，认为大众媒体使用程度并未影响移动电话的采纳，真正的影响因素是媒体使用的内容。同样沿用这一理论视角的还有郝晓鸣与叶明睿。前者认为互联网在农村地区的推广很大程度上是组织干预的结果（郝晓鸣、赵靳秋，2007）；后者则结合符号互动理论提出"较低的可试性和可观察性以及落后的 IT 素养已成为互联网在农村地区扩散的主要阻碍"（叶明睿，2013）。也有学者另辟蹊径，周岩（2010）结合了新媒体对农传播与媒介素养研究，认为可以通过政府、媒体和农民三方共同努力来提高新环境下农民群体的媒体素养。

　　关于第二点，即依托新媒介技术能够建构哪些对农传播的新型模式。这也是部分学者积极探索的方向，但总体研究较少且不够成熟。王斌等人（2012）借助农业服务网站平台，提出了服务于现代农业信息传播的"148"模式；薛飞和张凌云（2010）针对我国农村媒体发展现状，建构了基于廉价手机的农村信息化技术支撑模型，并对该模型的可行性与存在的技术难题进行了解读；周玉梅（2009）将时下流行的电子商务传播与农业发展问题结合在一起，尝试探索农业电子商务的发展模式，他认为经典的 B2C 模式与 C2C 模式均不适用于我国，而 B2B 模式则提供了一个可行方向。总体看来，"理论与模式"这一研究命题下的具体研究刚刚兴起，有着较大的完善空间，相关研究虽不够成熟，却为整个研究领域提供了新的方向。

二、总结：研究特征与未来展望

1. 我国农村地区新媒体传播研究的基本评价

　　纵观近 10 年来的新媒体对农传播研究，可谓有得有失。但是始终有一批学者在该领域中辛勤耕耘，丰富了我国新闻传播学科的研究内涵，无疑值得肯定。总结这百余篇研究文献，能够看出几个显著特征，有成就也有不足：

　　① 微观层面的研究问题尚未得到深入考究。在第一部分已经提到，诸如新媒体传播与农村留守儿童关系等问题并未得到深入的探索和分析，本综述也主要是着眼于宏观层面。产生这种现象的原因有多种，这里列举两点。一是新媒体技术在农村地区的完全普及还有较长的路要走，这些微观问题还没有真正凸显出来；二是学者们或鉴于研究难度的考虑，或研究上有所疏忽等因素，并未引起对该问题的足够重视。

　　② 宏观层面的研究视角逐步趋于平衡，但研究深度各有高低。学者们的考察从普及与应用、认知与现状层面逐步扩展到包括功能与作用、影响与效果、理论与模式等在内的五个方向，将面上的问题基本涵盖，其脉络也十分

清晰，这是研究的必然趋势与重要成果。但不同方向的研究在数量与质量上却有明显差异，据表 6.4.1 中笔者查阅的 104 篇文献，普及与应用研究数量是其他研究的两倍左右，而理论与模式研究仅有 12 篇，且多属于现象初探。除此之外，部分研究方向至今仍旧没有引起学者们的广泛关注，譬如新媒体对农传播的"具体内容"问题，虽然有少量学者曾指涉这一命题，但笔者尚未发现较有影响力的研究成果。

③ 始终坚持跨学科的研究视角，但新闻传播学科的研究并未充分展开。包括新闻传播学、农学、信息工程学、管理学等在内的多种学科门类都对该问题进行了不同维度的考察，因此新媒体对农传播的研究已经具备了跨学科思维，多角度地全面看待问题。然而，作为该领域的领头学科之一，新闻传播学科的研究成果却差强人意：笔者另作统计的数据显示，104 篇文献中从新闻传播学科出发展开的研究共 42 篇，而发表在本学科专业期刊上的数目仅 33 篇，不及总数的 1/3，应当说新闻传播学科的同人及专业性期刊在该研究领域的兴趣尚嫌不足，还有较大的增长空间。

④ 研究重点逐步从表层描述转向深层理论，但整个研究领域依旧"前路漫漫"。自 2010 年以来，关于功能与作用、影响与效果以及理论与模式的研究明显增加，这些研究相较于早期的普及与应用研究等，有着更多的学理性思考。然而"路漫漫其修远兮"，关注并投入于该领域研究的学者并不多。究其原因，可能是该领域本身并没有多大的学术研究价值，也可能是学者们的一种疏忽，本文更倾向于后一种理解。理由在于：首先，新媒体已经在农村地区得到了较大程度的推广，尤其是手机媒体的覆盖率在多数农村地区都已达到 90% 以上；其次，我国是一个农业大国，"三农"问题始终是值得学界关注的重要话题；再者，新媒体技术在农村地区的推广和传播对于加快农村发展，影响农村传播方式等具有显在的作用。

所以，我们倾向于认为相关研究的一个重要不足，便是包括新闻传播学在内的多个学科门类对农村传播研究问题的忽视，在十余年的发展道路上，仅仅产生了百余篇核心文献。一个很鲜明但可能欠妥的对比，电视节目《中国好声音》问世两年来，迄今的核心研究文献已多达114篇。这当中有很多原因，其中包括社会的关注热点、研究存在的客观难度以及研究的现实利益等。针对农村地区新媒体传播研究存在的不足，本文殷切希望更多人能够关注这一有着重要社会意义的研究话题。

2. 我国农村地区新媒体传播研究的未来展望

结合上述的研究特征，在未来的新媒体对农传播研究道路上，除了希望更多人能够在学术研究上对这一研究主题予以必要的关心之外，我们认为以下几点可以帮助完善该领域的相关研究，它们主要包括：

① 能够主动挖掘微观层面的研究命题，将研究的关注点从宏观层面的"大问题"转到微观层面的"小问题"上来。无论是对于留守儿童、留守老人，还是农村学生等问题的关注，都具有重要的实践意义，能够帮助农村地区解决切实的发展困难，有助于真正发挥新媒体的传播价值和传播功效。

② 研究视野和研究方法。在研究视野上能够立足本学科，坚持跨学科的研究取向。新媒体对农传播研究天然地融合了多个学科视野的相关知识，特别是管理学、社会学和新闻传播学等。跨学科研究能够打开视野，全面地看待问题。在研究方法上，要保持定性考察和量化分析的平衡与结合，为研究的深入奠定方法依据。上述42篇立足于新闻传播学科视角的研究文献中，有23篇主要采用定性分析法，19篇主要采用定量分析法，基本持平，值得肯定，后续研究还应坚持这一点。

③ 研究命题上的再挖掘。通过本文的分析不难看出，迄今为止，宏观层面上的新媒体对农传播研究主要包含了五大研究命题。而在这几个命题之外，很多重要的研究命题仍旧等待挖掘。譬如说传播内容的问题，即新媒体对农传播的信息内容应当是怎样的？再比如传播主体的问题，即谁应当在新媒体

对农传播中发挥主导型作用，是政府还是媒介组织？等等。更何况，在微观层面，还有着更多的现实问题值得关注。

④ 主要研究的学理性转向与深层探讨。上文提到，新媒体对农传播的五个核心命题中，重心逐步偏向后几个，即"功能与作用""影响与效果"以及"理论与模式"。但既有研究成果还远远不够，随着新媒体在农村地区的认知度与普及率的提高，对传播效果、传播功能等问题的探讨将成为研究的重心，研究转向势在必行，相关研究也理应走向深层探讨而不能流于浮表。例如，在传播效果研究中，能否建立可行的效果评价体系；在理论模式中，能否建构出切实可行的传播模式，指导实践中的传播活动。

⑤ 新闻传播学科的研究使命。从本学科来看，新媒体对农传播研究的学理性转向更为迫切，基于本学科视野的相关研究应当加大力度，深化内涵。在普及与应用研究逐步饱和，现状分析也更加成熟的当下，包括信息工程学、情报学等在内的学科领域将逐步褪去对这一命题的研究热情，新闻传播学科应当义不容辞地承担起对新媒体对农传播中出现的新问题进行研究的重任，努力提升研究的学理水平，并积极开拓新的研究方向。

随着我国对"三农"问题的重视度逐年提高，以及新媒体发展的强劲势头，我们认为新媒体对农传播有着较大的研究空间。近十年来，国内的相关研究开辟了该领域的基本研究方向，但也存在一些明显不足。本文通过对百余篇核心文献的综述，期望能够为后续研究提供些许借鉴。最后，可以借用方晓红教授在其著作《大众传媒与农村》中的一段话来结束本文，因为它同样适用于新媒体与农村关系的研究："如何调整自己以适应 21 世纪农村的变化，如何促使农村现代化的进一步发展，如何在农村现代化观念的渗入和生长方面起到积极地推动作用，便是其责无旁贷的使命了。"

参 考 文 献

〔美〕埃弗雷特·M. 罗杰斯著，辛欣译：《创新的扩散》，中央编译出版社，2002 年。

〔美〕保罗·拉扎斯菲尔德、〔美〕伯纳德·贝雷尔森、〔美〕黑兹尔·高德特著，唐茜译：《人民的选择》，中国人民大学出版社，2012 年，第 91 页。

〔美〕保罗·莱文森著，何道宽译：《手机：挡不住的呼唤》，中国人民大学出版社，2004 年，第 151 页、第 48 页。

邴冬梅、于天放、李彬："农村居民媒介素养实证研究——以吉林省为例"，《社会科学战线》，2012 年第 11 期。

曹松坪："把握和处理好农村广播电视宏观管理中的几个关系"，《广播电视信息》，1998 年第 7 期。

陈彬：《当代科学技术与社会发展》，济南出版社，2010 年，第 26 页。

陈辉、赵晓峰、张正新："农业推广的'嵌入性'发展模式"，《西北农林科技大学学报》（社会科学版），2016 年第 1 期。

陈力丹、陈俊妮："论传媒在'新农村'建设中的作用"，《当代传播》，2006 年第 3 期。

陈力菲：《传播史上的结构和变革》，江苏文艺出版社，2001 年，第 318 页。

陈世海、詹海玉、陈美君等："留守儿童的社会建构：媒介形象的内容分析——兼论留守儿童的'问题命题'"，《新闻与传播研究》，2012 年第 2 期。

陈印政、王大明、孙丽伟："农村科技标语的科技传播功能研究——基于华北农村的调查"，《自然辩证法研究》，2014 年第 7 期。

陈宇、何肇红："论农村科技传播活动中的农民主体性问题"，《经济与社会发展》，2010 年第 4 期。

陈宇瀚："更好地发挥农村互联网的作用，增加农民收入——以河北省廊坊市农村互联网的发展和使用情况为例"，《制造业自动化》，2009 年第 12 期。

戴俊潭："电视传播与转型期中国农民的意识现代化"，复旦大学博士论文，2004 年。

〔英〕丹尼斯·麦奎尔、〔瑞典〕斯文·温德尔著，祝建华、武伟译：《大众传播模式论》，
　　上海译文出版社，1987年，第76页。

邓楚雄、谢炳庚、吴永兴等："上海都市农业可持续发展的定量综合评价"，《自然资源
　　学报》，2010年第9期。

段忠贤："农村科技信息传播模式及传播效果评价"，《社会科学家》，2013年第5期。

方晓红：《大众传媒与农村》，中华书局，2002年。

〔美〕菲利浦·科特勒、〔美〕迪派克·詹思、〔美〕苏维·麦森西著，高登第译：《科
　　特勒营销新论》，中信出版社，2002年，第 IX 页、第17页、第68页、第78页。

费强、毕施华、贾燕芳等："上海青年农场主培育的实践与探索"，《农民科技培训》，
　　2016年第12期。

费孝通：《乡土中国》，江苏文艺出版社，2007年，第6–7页。

冯兴元：《中国的村级组织与村庄治理》，中国社会科学出版社，2009年，序。

符平："中国农民工的信任结构：基本现状与影响因素"，《华中师范大学学报》（人文
　　社会科学版），2013年第2期。

高崇："新媒体语境下转型社区农村青年的代际交往"，《中国青年政治学院学报》，2012
　　年第2期。

高红波："新媒体对农民现代化观念提升的作用与价值"，《新闻爱好者》，2013年第7期。

龚芳：《电视与西藏农民生活——以拉萨市堆龙德庆县古荣乡那嘎村为例》，中央民族大
　　学硕士论文，2011年。

顾海英："上海现代都市农业的内涵与路径创新"，《科学发展》，2016年第4期。

郭建斌："传媒与乡村社会：中国大陆20年研究的回顾、评价与思考"，《现代传播》，
　　2003年第3期。

郭建斌：《独乡电视：现代传媒与少数民族乡村日常生活》，山东人民出版社，2005年。

郭绪全、刘玉花、胡春蕾等："农业科技信息传播主要影响因子研究"，《中国科技论坛》，
　　2008年第6期。

韩小谦：《技术发展的必然性与社会控制》，中国财政经济出版社，2004年，第264页。

郝晓鸣、赵靳秋："从农村互联网的推广看创新扩散理论的适用性"，《现代传播》，2007
　　年第6期。

何得桂："科技兴农中的基层农业科技推广服务模式创新——'农业试验示范站'的经验
　　与反思"，《生态经济》，2013年第2期。

贺雪峰：《什么农村，什么问题》，法律出版社，2008年。

胡乐琴、汤国辉："当前我国农业科技推广的几种模式"，《中国农业教育》，2006年
　　第2期。

胡翼青："论文化向度与社会向度的传播研究"，《新闻与传播研究》，2012年第3期 a。

胡翼青："新闻传播研究不需'时效性'"，《青年记者》，2012 年第 33 期 b。

胡翼青、柴菊："发展传播学批判：传播学本土化的再思考"，《当代传播》，2013 年第 1 期。

胡翼青、戎青："电视与留守儿童人际交往模式的建构——以金寨燕子河镇为例"，《西南民族大学学报》（人文社会科学版），2011 年第 10 期。

黄彩春："大众传媒对农民生活方式的影响——对湖北省仙桃市联潭村的实证研究"，华中农业大学硕士论文，2012 年。

黄旦："由功能主义向建构主义转化"，《新闻大学》，2008 年第 2 期。

黄光强："农村广告媒介现状分析"，《新闻界》，2011 年第 4 期。

黄家亮："乡土场域的信任逻辑与合作困境：定县翟城村个案研究"，《中国农业大学学报》（社会科学版），2012 年第 1 期。

黄家章："我国新型农业科技传播体系研究"，中国农业科学院博士论文，2010 年，第 135 页。

黄小勇："加快政府职能转变 深化行政体制改革"，2015 年 1 月 29 日，http://www.71.cn/2015/0129/800569_7.shtml。

黄应会、邵明旭："计算机网络在农村远程学习支持服务中应用的研究"，《电化教育研究》，2003 年第 7 期。

蒋文龙、朱海洋："浙江农业新动力"，《农民日报》，2016 年 11 月 14 日第 001 版。

孔祥智："中国农业社会化服务——基于供给和需求的研究"，中国人民大学出版社，2009 年，第 236 页。

孔祥智、楼栋："农业技术推广的国际比较、时态举证与中国对策"，《改革》，2012 年第 1 期。

李岗生、祁芳："'政府—大学—产业—农民'四螺旋农业技术推广模式探讨——以河北省为例"，《河北工程大学学报》（社会科学版），2016 年第 2 期。

李贵奇："新闻传媒在新农村建设中的新作为"，《现代传播》，2008 年第 1 期。

李娜、谢新松："国外都市农业发展模式"，《青海科技》，2015 年第 5 期。

李铁锤："中部农民对新媒体的占有与认知情况调查——以江西农村为例"，《新闻知识》，2009 年第 2 期。

李卫芳："北京都市型现代农业发展评价及对策研究"，北京林业大学博士论文，2012 年，第 11 页。

李卫华："新媒体发展与农村社会的新陈代谢"，《河南大学学报》（社会科学版），2011 第 5 期。

李缨、庹继光："农民平等话语权的实现途径"，《当代传播》，2007 年第 3 期。

李中华、高强："以合作社为载体创新农业技术推广体系建设"，《青岛农业大学学报》

（社会科学版），2009 年第 4 期。

李忠云、聂坪、孟娜："农业科技人员胜任力实证分析——基于对 514 名农业科技人员的调查"，《农业技术经济》，2011 年第 12 期。

林晓华："少数民族农民媒介素养现状调查"，《当代传播》，2008 年第 2 期。

刘碧波："基于网络的农业信息服务"，《安徽农业科学》，2005 第 11 期。

刘斌："浅谈农村广播新闻的通俗化"，《新闻爱好者》，1988 年第 5 期。

刘刚、罗强："上海推进农业产学研一体化的现状与建议"，《上海农村经济》，2015 年第 5 期。

刘行芳："维护农民知情权 提高农民媒介素养"，《当代传播》，2010 年第 3 期。

刘辉、丁玲华："新媒体在农村应急管理中的作用分析及策略选择"，《广东农业科学》，2010 年第 10 期。

刘慧涛、李会龙、刘金铜等："网络农业信息资源共享与开发利用研究"，《农业工程学报》，2005 年第 6 期。

刘小燕、李慧娟、王敏等："乡村传播基础结构、政治信任与政治参与的实证研究——'政府与乡村居民间的距离'研究报告之二"，《国际新闻界》，2014 年第 7 期。

刘玉、方新普："信息传播视野中农民体育权利的缺失与回归"，《上海体育学院学报》，2009 年第 4 期。

龙运荣："大众传媒与民族社会文化变迁——芷江碧河村的个案研究"，中南民族大学博士论文，2011 年。

陆益龙："超越直觉经验：农村社会学理论创新之路"，《天津社会科学》，2010 年第 3 期。

罗强、张晨、俞美莲等："上海农业科技创新能力评价研究"，《上海农业学报》，2014 年第 6 期。

骆正林："农村传播研究的'寂静'与'繁荣'"，《新闻爱好者》，2013 年第 9 期。

马宁："农村广告传播与受众的契合性研究"，华中农业大学硕士论文，2011 年。

满明俊："西北传统农区农户的技术采用行为研究"，西北大学博士论文，2010 年，第 100 页。

毛成耀："广告对农村受众消费生活方式的影响研究——基于对湖北省仙桃市 W 村的调查"，华中农业大学硕士论文，2008 年。

闵大洪、陈崇山："浙江省城乡受众接触新闻媒介行为与现代观念的相关性研究"，《新闻研究资料》，1991 年第 55 辑。

闵阳："新媒体环境下西部农村信息传播的变化与影响因素——以陕南农村为例"，《新闻界》，2012 年第 13 期。

闵阳："新媒体在农村科技信息传播中的使用与期待——以西部农村地区为例"，《当代传播》，2014 年第 1 期。

〔美〕纳杨·昌达著，刘波译：《绑在一起：商人、传教士、冒险家、武夫是如何促成全球化的》，中信出版社，2008 年，第 3 页。

〔美〕尼古拉斯·克里斯塔基斯、〔美〕詹姆斯·富勒著，简学译：《大连接：社会网络是如何形成的以及对人类现实行为的影响》，中国人民大学出版社，2013 年，第 152–153 页。

倪锦丽："打通'最后一公里'：基层农业技术推广创新的必然选择"，《农村经济》，2013 年第 5 期。

牛桂芹："论转型期的农村科技传播模式——以'农资店'的科技传播功能为例"，《自然辩证法研究》，2014 年第 8 期。

裘正义：《大众媒介与中国乡村发展》，群言出版社，1993 年，第 54–57 页。

邵林初："加快培育上海新型职业农民"，《上海农村经济》，2013 年第 4 期。

邵启良：《2013～2014 上海农业科技成果》，上海科学技术出版社，2015 年，第 3 页、第 175 页。

申端锋："走出与回归：对当前农村研究的几点评论"，《社会科学战线》，2007 年第 2 期。

盛晓明："地方性知识的构造"，《哲学研究》，2000 年第 12 期。

施标、张晨："上海都市农业科技创新刍议"，《上海农业学报》，2013 年第 2 期。

思语："国外'新农人'对我国的启示"，《中国食品》，2015 年第 10 期。

宋红梅、王丹："中国农村居民互联网接触状况研究"，《当代传播》，2010 年第 5 期。

宋玲芳、李朝平、曹秀娟："上海浦东新区：新型职业农民培育的实践与探索"，《农民科技培训》，2014 年第 11 期。

孙雷：《上海都市现代农业实践》，上海科学技术出版社，2012 年，第 98 页。

孙玮："传播：编织关系之网——基于城市研究的分析"，《新闻大学》，2013 年第 3 期。

孙艺冰、张玉坤："国外的都市农业发展历程研究"，《天津大学学报》（社会科学版），2014 年第 6 期。

谭英、范晨辉、王德海：《农业技术转移中的信息传播链研究》，中国农业大学出版社，2015 年。

〔美〕特里·K. 甘布尔、〔美〕迈克尔·甘布尔著，熊婷婷译：《有效传播》，清华大学出版社，2005 年。

汪向东："'新农人'与新农人现象"，《新农业》，2014 年第 1 期。

王斌、刘勤朝、韩红芳等："新型农业信息服务模式研究"，《安徽农业科学》，2012 年第 35 期。

王华兴、杨向谊、张才龙：《区域性推进青少年科技教育实践研究》，上海科技教育出版社，2009 年，第 131 页。

王景红："国外都市农业的发展模式及其经验借鉴"，《北方经济》，2012 年第 13 期。

王林昌："我国农村大众传播状况分析及卫生知识传播对策初探"，《中国健康教育》，1991 年第 2 期。

王玲宁："大众传媒对农民艾滋病认知和态度的影响"，《青年研究》，2006 年第 3 期。

王胜祥："基层农业技术推广存在的问题及对策"，《沈阳农业大学学报》（社会科学版），2011 年第 3 期。

王锡苓、李惠民、段京肃："互联网在西北农村的应用研究：以'黄羊川模式'为个案"，《新闻大学》，2006 年第 1 期。

王旭升："电视与西北乡村社会日常生活——对古坡大坪村的民族志调查"，兰州大学硕士论文，2009 年。

王怡红："美国传播效果研究的实用主义背景探讨"，《新闻与传播研究》，1995 年第 4 期。

王怡红："传播学发展 30 年历史阶段考察"，《新闻与传播研究》，2008 年第 5 期。

王怡红、胡翼青：《中国传播学 30 年》，中国大百科全书出版社，2010 年。

卫凤瑾："大众传媒与农民话语权——从农民工'跳楼秀'谈起"，《新闻与传播研究》，2004 年第 2 期。

魏挽淑、刘清湘："科普节目要适应农民的口味"，《新闻通讯》，1989 年第 6 期。

吴爱中："立足自主创新 强化科技服务"，《上海农村经济》，2013 年第 12 期。

吴文峰、翟从敏："大众传媒视野下农村体育信息传播的实证研究——以无极县东大户村为例"，《北京体育大学学报》，2012 年第 4 期。

谢舜、周金衢："差序信任格局下的农村土地流转——基于广西玉林市福绵区的实证调查"，《广西民族大学学报》（哲学社会科学版），2004 年第 1 期。

谢咏才、李红艳：《中国乡村传播学》，知识产权出版社，2005 年。

谢月芹、王永成、徐恒勇："政府推动下的大众传媒与农村体育发展的互动研究"，《浙江体育科学》，2012 年第 3 期。

星星："农村广播站应该怎样编排节目"，《新闻战线》，1958 年第 5 期。

徐勇："当前中国农村研究方法论问题的反思"，《河北学刊》，2006 年第 2 期。

薛飞、张凌云："基于廉价手机的农村信息化技术支撑模型研究"，《科技进步与对策》，2010 年第 24 期。

严霞、江菲："手机短信在农业科技信息服务中的应用与展望"，《广东农业科学》，2006 年第 4 期。

杨新敏："农村网络传播：问题与对策"，《新闻大学》，2003 年第 1 期。

姚丽萍："新型农业和职业农民"，《新民晚报》，2016 年 12 月 2 日 A3 版。

姚明、曾贤贵："互联网时代农村成人教育研究"，《安徽农业科学》，2006 年第 16 期。

叶东坡："大众传媒与农村现代化"，《新闻知识》，2006 年第 10 期。

叶敬忠、林志斌、王伊欢："中国农技推广障碍因素分析——农民应成为农技推广的主体"，

《中国农技推广》，2004 年第 4 期。

叶明睿："用户主观感知视点下的农村地区互联网创新扩散研究"，《现代传播》，2013 年第 4 期。

俞菊生：《中国都市农业——国际大都市上海的实证研究》，中国农业科学技术出版社，2002 年，第 5 页。

俞菊生、罗强、张晨等："上海都市农业科技创新的途径研究"，《上海农业学报》，2013 年第 1 期。

袁靖华："论发展新农村信息传播事业的四大原则——基于嘉善专业农户媒介接触行为调查"，《浙江传媒学院学报》，2011 年第 4 期。

袁小平、熊祯："手机下乡的社会功能分析"，《安徽农业科学》，2011 年第 26 期。

袁苑："广告下乡：中国广告发展的特色之路"，华中科技大学硕士论文，2007 年。

〔美〕约翰·R. 麦克尼尔、〔美〕威廉·H. 麦克尼尔著，王晋新、宋保军等译：《人类之网：鸟瞰世界历史》，北京大学出版社，2011 年，第 1 页、第 3 页。

詹慧龙、刘燕、矫健："我国都市农业发展研究"，《求实》，2015 年第 12 期。

张成林："信息技术驱动下的新农村文化与社会变迁——对农民上网现象的社会学分析"，《湖北农业科学》，2012 年第 5 期。

张海涛："加紧推进新一轮广播电视村村通工作"，《中国广播电视学刊》，2006 年第 5 期。

张克云、王德海、刘燕丽："农村专业技术协会的农业科技推广机制——对河北省国欣农研会的案例分析"，《农业技术经济》，2005 年第 5 期。

张茂元、邱泽奇："技术应用为什么失败——以近代长三角和珠三角地区机器缫丝业为例（1860—1936）"，《中国社会科学》，2009 年第 1 期。

张蒙萌、李艳军："农户'被动信任'农资零售商的缘由：社会网络嵌入视角的案例研究"，《中国农村观察》，2014 年第 5 期。

张明明、石尚柏、林夏竹等："农民田间学校的起源及在中国的发展"，《中国农业大学学报》（社会科学版）2008 年第 2 期。

张明新、韦路："移动电话在我国农村地区的扩散与使用"，《新闻与传播研究》，2006 年第 1 期。

张琴、马桂莲："互联网上农业信息资源的开发应用"，《现代情报》，2004 年第 3 期。

张瑞琴："一个新型职业农民的追梦人生"，《农民科技培训》，2017 年第 3 期。

张学洪："农民要求报纸通俗化——对农村报纸普及率低的一点剖析"，《新闻业务》，1986 年第 7 期。

张艳婷、杨洋、王佳旭："基于新媒体的农村信息资源现状与实证研究——以豫东地区为例"，《情报科学》，2012 年第 8 期。

张占耕："关于上海建设农业科技创新中心的思考"，《上海农村经济》，2015 年第 6 期。

张铮、周明洁："媒介使用与中国农村居民的现代性——对湖南浏阳农村的实证研究"，《国际新闻界》，2007 年第 5 期。

赵玲玲："电视传媒与农民现代化实证研究——以湖南两村村民为例"，中南大学硕士论文，2009 年。

赵旭东："乡村成为问题与成为问题的中国乡村研究——围绕'晏阳初模式'的知识社会学反思"，《中国社会科学》，2008 年第 3 期。

赵玉明：《中国广播电视通史》，中国传媒大学出版社，2006 年，第 363 页、第 570 页。

郑素侠："农村留守儿童媒介使用与媒介素养现状研究"，《郑州大学学报》（哲学社会科学版），2012 年第 2 期。

郑素侠："农村留守儿童的媒介素养教育：参与式行动的视角"，《现代传播》，2013 年第 4 期。

郑智斌、樊国宝："论农村受众的媒介素养教育——基于安西镇调查的视角"，《南昌大学学报》（人文社会科学版），2005 年第 3 期。

中国社科院新闻研究所、河北大学新闻传播学院：《解读受众：观点、方法与市场——在主体间交往的意义上建构受众观念》，河北大学出版社，2001 年，第 86–87 页。

中华人民共和国农业农村部："农业部关于认定第一批国家现代农业示范区的通知"，2010 年 9 月 2 日，http://www.moa.gov.cn/govpublic/FZJHS/201009/t20100902_1629815.htm。

钟慧玲、朱峰："奉贤区农广校：加强培育体系建设，助推新型职业农民培育工程"，《农民科技培训》，2016 年第 2 期。

周国清、黄俊剑："新媒介环境下农民受众的需求特征及其应对策略"，《湖南师范大学社会科学学报》，2011 年第 4 期。

周岩："新媒介环境下的农民媒介素养教育初探"，《新闻界》，2010 年第 1 期。

周玉梅："我国农业电子商务的发展模式及未来趋势"，《农业考古》，2009 年第 6 期。

周志鹏："农村合作组织在农村科技传播中的作用研究——以南宁农村合作组织为例"，广西大学硕士论文，2014 年。

朱天、李晓："论新媒体在新农村公共信息服务体系建设中的功效"，《西南民族大学学报》（人文社会科学版），2012 年第 8 期。

邹华华、刘洪："新媒体对农传播的现状、问题与对策"，《新闻界》，2007 年第 2 期。